Udemeobong Thomas

Agricultura e comércio na Nigéria

Udemeobong Thomas

Agricultura e comércio na Nigéria

ScienciaScripts

Imprint
Any brand names and product names mentioned in this book are subject to trademark, brand or patent protection and are trademarks or registered trademarks of their respective holders. The use of brand names, product names, common names, trade names, product descriptions etc. even without a particular marking in this work is in no way to be construed to mean that such names may be regarded as unrestricted in respect of trademark and brand protection legislation and could thus be used by anyone.

Cover image: www.ingimage.com

This book is a translation from the original published under ISBN 978-620-8-42395-7.

Publisher:
Sciencia Scripts
is a trademark of
Dodo Books Indian Ocean Ltd. and OmniScriptum S.R.L publishing group

120 High Road, East Finchley, London, N2 9ED, United Kingdom
Str. Armeneasca 28/1, office 1, Chisinau MD-2012, Republic of Moldova, Europe
Managing Directors: Ieva Konstantinova, Victoria Ursu
info@omniscriptum.com

Printed at: see last page
ISBN: 978-620-3-24549-3

Política comercial e sector agrícola na Nigéria

1.1 Antecedentes do estudo

O comércio externo significa simplesmente a troca de bens e serviços através das fronteiras internacionais ou entre nações do mundo. A análise do padrão de crescimento setorial de uma economia, incluindo o sector agrícola, em termos de taxa de crescimento e rendimento per capita, tem-se baseado na produção interna, nas actividades de consumo e em conjunto com as operações estrangeiras de bens e serviços. O comércio externo desempenha um papel vital na reorganização dos atributos económicos e sociais dos países em todo o mundo, em particular dos países menos desenvolvidos.

O comércio externo foi e é ainda hoje uma força económica que estimulou o comércio, promoveu a tecnologia e o crescimento, difundiu padrões culturais, estimulou a exploração e trouxe perspectivas de paz mundial e de relações internacionais. Nos seus primórdios, o comércio externo era necessário, não só porque fornecia a uma sociedade produtos como os búzios de África para outras áreas; o comércio externo também constituía a base para o intercâmbio cultural, comercializando assim não só produtos, mas também estilos de vida, costumes e tecnologia. Ajudou a melhorar o nível de vida das nações e também o rendimento nacional. O comércio externo tem sido um domínio de interesse para os decisores, os responsáveis políticos e os economistas. Permite às nações venderem os seus bens produzidos internamente a outros países do mundo. O comércio externo é alcançado quando facilita a mobilidade nacional e internacional dos factores de produção, o intercâmbio de ideias e a melhoria da tecnologia, o que conduz à atribuição e distribuição internacional de recursos. O comércio externo conduz a uma melhoria constante do estatuto humano, alargando o leque do nível de vida e das preferências das pessoas (Lawal, Asaleye, IseOlorunkanmi e Popoola, 2018).

Os investigadores defendem ainda que o comércio internacional está relacionado com o crescimento e o desenvolvimento económico global e nacional, incluindo o sector agrícola. Acreditam que o comércio internacional conduz à especialização, ao aumento da produtividade dos recursos, à produção total elevada, à criação de mercado, à criação de emprego, à geração de rendimentos e ao relaxamento das restrições cambiais. A relação positiva que existe entre o comércio mundial e o crescimento da produção agrícola pode resultar das externalidades positivas prováveis devido ao envolvimento de diferentes países no comércio internacional. Muitos estudos empíricos argumentaram a favor da importância do comércio global no crescimento económico, incluindo a agricultura, utilizando o grau de abertura comercial, os termos de troca, a tarifa e a taxa de câmbio como variáveis para explicar a afirmação de que as economias abertas crescem mais rapidamente do que as economias fechadas; (Adedoyin Isola Lawal, Nwanji, Asaleye e Ahmed, 2016).

No mundo de hoje, predominantemente, nada pode ser feito sem uma troca de valor por valor que envolve dinheiro, ideias, produtos e tecnologia. Em resultado disto, há um efeito direto em todos os sectores económicos de qualquer nação, quer positiva quer negativamente. O comércio pode ser rastreado até à necessidade de troca, que evoluiu do sistema de troca direta para o sistema monetário. No entanto, o comércio na Nigéria tornou-se popular com o advento do domínio colonial, que trouxe os seus produtos e fez dos nigerianos os seus intermediários. Assim, os nigerianos compreenderam a necessidade do comércio, tanto a nível interno como internacional. O comércio internacional tem sido uma área de preocupação para os decisores políticos e economistas. A sua importância reside na capacidade de obter bens que não podem ser produzidos no país ou que só podem ser produzidos com maiores despesas.

Além disso, permite a uma nação vender os seus bens produzidos internamente a outros países do mundo. O desempenho de uma determinada economia, em termos de taxas de crescimento da produção e de rendimento per capita, não se baseia apenas nas actividades de produção e consumo internas, mas também nas transacções internacionais de bens e serviços. Os economistas clássicos e neoclássicos atribuíam uma importância tão grande ao comércio internacional no desenvolvimento de um país que o consideravam um motor de crescimento da produção e da produtividade agrícolas, que são cruciais para alcançar um crescimento económico sustentável e reduzir a pobreza nos países em desenvolvimento. A relação positiva entre o crescimento da produção agrícola e o grau de actividades de comércio externo de um país pode sugerir que o comércio externo acompanha o desenvolvimento económico. O comércio externo, que é sobretudo reforçado com a liberalização do comércio das economias e a eliminação completa das barreiras comerciais, tornou-se hoje uma política económica popular nos países desenvolvidos e em desenvolvimento, enquanto as tarifas de importação e exportação, as quotas, os subsídios à exportação e as barreiras técnicas eram comuns nas décadas anteriores. Mais recentemente, as nações em desenvolvimento, como a Nigéria, têm vindo a implementar políticas de liberalização do comércio, a fim de aumentar o nível do comércio externo nacional (Asaleye, Isoha, Asamu, Inegbedion, Arisukwu e Popoola, 2018).

Além disso, a experiência da maior parte dos países em matéria de políticas de liberalização do comércio parece indicar que as reformas da política comercial permitem obter um crescimento mais importante da produção agrícola e ganhos de bem-estar a nível interno. Os vários quadros de política comercial introduzidos deveriam aumentar a disponibilidade de bens e serviços para os consumidores e expandir as oportunidades para o sector agrícola, reforçando a concorrência no mercado, aumentando os investimentos, aumentando a produtividade agrícola e a produção. A teoria tradicional do comércio salienta que o comércio livre, baseado na eficiência da afetação, aumenta o bem-estar social, pressupondo uma concorrência perfeita.

A teoria implica ainda que as políticas de comércio livre melhoram o bem-estar de qualquer economia, reduzindo as perdas de peso morto associadas às caraterísticas de monopólio ou oligopólio. Embora a teoria do comércio afirme que o comércio externo aumenta o bem-estar e as actividades económicas. Alguns estudos mostram que há poucas ou nenhumas provas que sugiram que o comércio externo acelera o crescimento da produção agrícola ou o rendimento per capita. No entanto, há um número substancial de provas empíricas que confirmam a existência de uma ligação entre a abertura comercial e o crescimento. Além disso, alguns estudos mostram que o comércio externo e a produtividade agrícola podem alimentar-se mutuamente (Ayopo, Isola e Olukayode, 2016).

1.2 Declaração do problema

A produtividade agrícola pode ganhar com a abertura comercial que resulta de políticas comerciais liberalizadas, uma vez que os produtos agrícolas têm de ser mais competitivos para obter os níveis de produção agrícola esperados. Um nível substancial de análise aponta para o facto de a Nigéria poder ter beneficiado das reformas da política comercial e do aumento do comércio externo, o que reforçou o afastamento do protecionismo. A Nigéria é membro da Organização Mundial do Comércio (OMC) desde 1995 e tem vindo a aplicar acordos regionais de comércio livre desde 1995. O Sri Lanka esperava um crescimento económico rápido através do aumento da produção agrícola e de políticas comerciais com potencial para aumentar o comércio externo. No entanto, a produção agrícola da Nigéria tem crescido a uma taxa muito baixa em comparação com as expectativas do seu governo. Desde que o país se comprometeu com o comércio mundial, a taxa de crescimento agrícola tem-se mantido aproximadamente a uma média anual de 4%. Historicamente, a Nigéria tem sido uma economia agrícola em que a agricultura representava mais de 50% do PIB total (Ayopo, Isola, & Olukayode, 2016).

Embora a contribuição relativa do sector agrícola para o PIB total tenha diminuído, a agricultura representava ainda cerca de 34% da mão de obra total e 23% das exportações totais em 2008. Muito poucos ou nenhuns estudos examinaram exclusivamente os efeitos do comércio externo sobre o crescimento da produção agrícola na Nigéria. Esta investigação empírica tenta fornecer uma avaliação quantitativa dos impactos do comércio externo no crescimento da produção agrícola de 1978 a 2008. Antes da descoberta do petróleo na década de 1960, o governo nigeriano era capaz de realizar projectos de investimento através de poupanças internas, ganhando com as exportações de produtos agrícolas e com a ajuda externa, em resultado de uma produtividade agrícola substancial. No entanto, desde a descoberta do petróleo bruto em 1956 e a sua exploração comercial em 1958, o sector petrolífero tornou-se gradualmente o sector dominante da economia e quase a única fonte de receitas de exportação. Por exemplo, na década de 1970, o petróleo constituía cerca de 78% das receitas do Governo Federal e mais de 95% das receitas de exportação (Ayopo, Isola e Olukayode, 2016).

Com o boom do petróleo em 1973, as receitas em divisas do país aumentaram imenso, o que se traduziu num maior crescimento económico, ao ponto de não haver receio de despesas por parte do governo, mesmo em questões necessárias. Desde o advento do petróleo como principal fonte de divisas para a Nigéria, em 1974, a imagem que se tem vindo a dar é a de uma estagnação generalizada das exportações agrícolas. Esta situação levou à perda da posição da Nigéria como importante produtor e exportador de óleo de palma, amendoim, cacau e borracha. Entre 1960 e 1980, as exportações agrícolas e agro-alimentares constituíam uma média de 60% do total das exportações da Nigéria, que atualmente são representadas pelas exportações de petróleo.

Em 1977, as exportações atingiram N7, 881.7milhões. Entre 1960 e 1977, o valor das exportações registou um aumento de 19%. É de notar que, antes de 1972, a maior parte das exportações eram produtos agrícolas como o cacau, os produtos de palma, o algodão e o amendoim. Depois disso, os minerais, especialmente o petróleo bruto, tornaram-se produtos de exportação significativos. As importações também aumentaram de valor durante este período. Em 1960, as importações estavam avaliadas em 432 milhões de dólares. Aumentaram para 758,99 milhões e 813,2 milhões em 1970 e 1978, respetivamente, subindo para 124, 162,7 milhões em 1992 e para

N681, 728.3milhões em 1997. O PIB não petrolífero registou uma taxa de crescimento de 8,9%, em comparação com 8,5% em 2010 (Ayopo, Isola e Olukayode, 2016).

A melhoria do desempenho neste sector foi impulsionada em grande medida pelo sector agrícola, que cresceu 5,7%, apoiado por um crescimento robusto de todas as suas componentes[15]. Entre 1960 e 1965, o país registou uma balança comercial desfavorável, em parte devido ao esforço agressivo de importação de todo o tipo de maquinaria para estimular a estratégia de industrialização adoptada imediatamente após a independência. Depois disso, a exportação de petróleo bruto garantiu uma balança comercial favorável. O sector petrolífero domina as exportações, enquanto o sector não petrolífero domina as importações. Entre 1960 e 1970, as exportações de petróleo cresceram 31,6% e 44,6%, respetivamente. Além disso, durante este período, as exportações não petrolíferas registaram um crescimento marginal de 1,2% e 6,6%. O comércio externo não é perfeito para promover o crescimento económico, porque a economia da Nigéria continua a registar alguns elementos de instabilidade económica e este comércio também transformou o país numa economia dependente das importações. No entanto, a contribuição do comércio externo para o crescimento depende muito do contexto em que funciona e dos objectivos que serve a um país (Ayopo, Isola, & Olukayode, 2016).

A consecução do crescimento económico é um dos objectivos do comércio externo, mas, nos últimos tempos, não tem sido esse o caso, porque a economia nigeriana continua a experimentar alguns elementos de instabilidade económica, como o elevado nível de desemprego, a instabilidade dos preços e balanças de pagamentos adversas, para mencionar apenas alguns. A parte dos produtos agrícolas no volume das importações aumentou, ao passo que, do lado das exportações, a parte dos produtos agrícolas no total das receitas de exportação tem vindo a diminuir ao longo dos anos. Com a desvalorização da naira, aumentámos os preços de exportação e baixámos os preços de importação (ou seja, preços de importação baratos) e sobrevalorizámos as taxas de câmbio. Estas importações de produtos alimentares artificialmente baratos criaram progressivamente desincentivos internos para os substitutos nacionais, tendo também levado os formuladores de políticas a não identificarem os constrangimentos com que se depara o sector nacional, de modo a formularem melhores políticas de promoção da produção agrícola. Existe uma falsa sensação de segurança causada pelas importações de alimentos baratos que permite a execução pouco convicta e o abandono de projectos agrícolas.

1.3 Questão de investigação

As seguintes questões de investigação orientarão este projeto de investigação:

1. Quais são as políticas em matéria de comércio externo no domínio da agricultura na Nigéria de 2015 a 2020?

2. Como é que esta política afectou a economia da Nigéria? 3. Esta política comercial desempenhou um papel mais importante no desenvolvimento da economia nigeriana?

1.4 Objetivo do estudo

O comércio externo desempenha um papel vital na reforma dos atributos económicos e sociais dos países de todo o mundo, em particular dos países menos desenvolvidos, porque nenhum país é autossuficiente para O comércio transfronteiriço com o resto do mundo é definido como comércio externo e, tem-se argumentado que desempenha um papel proeminente na promoção do crescimento económico e da produtividade, em particular, e o debate está em curso há várias décadas. A validação histórica revelou que os países internacionalmente activos tendem a ser mais produtivos do que os países que apenas produzem para o mercado interno. Em resultado da liberalização e da globalização, a economia de um país tornou-se muito mais estreitamente associada a factores externos, como a abertura da economia e várias políticas externas.

O principal objetivo do estudo é examinar o efeito do comércio externo no crescimento da produção agrícola na Nigéria; por conseguinte, os objectivos específicos são os seguintes: - Examinar a relação existente entre as exportações agrícolas e a produção agrícola. - Examinar se existe uma relação entre a taxa de câmbio e a produção agrícola. - Examinar se existe uma relação entre os direitos aduaneiros sobre o equipamento agrícola importado e a produção agrícola.

1.5 Hipóteses de investigação

Para este tema de investigação, formularemos uma hipótese nula e uma hipótese alternativa, às quais procuraremos dar resposta nos nossos resultados.

H0: A política fiscal não tem um efeito significativo no sector agrícola da Nigéria.

H1: A política orçamental tem um efeito significativo na política agrícola da Nigéria.

1.6 Importância do estudo

Esta investigação tornou-se mais importante na medida em que o sector agrícola da economia nigeriana desempenha um papel fundamental na diversificação da economia da Nigéria em relação ao sector petrolífero, que está prestes a diminuir o PIB e o PNB da viabilidade sociopolítica e socioeconómica da Nigéria. Para este efeito, esta investigação procura aproveitar as diferentes políticas agrícolas e até que ponto a política comercial da Nigéria pode afetar a exportação dos produtos agrícolas nigerianos em relação ao resultado das receitas geradas ou a gerar a partir das receitas através do comércio internacional dos anos fiscais de 2015 - 2020.

1.7 Limitações do estudo

T limitação deste projeto de investigação é a disponibilidade da referência real da política comercial agrícola entre outros parceiros comerciais da Nigéria no que diz respeito ao comércio agrícola (importação e exportação inclusive). Uma boa definição dos produtos agrícolas exportados torna-se uma questão crítica e controversa em termos de agregação, e os comerciantes legítimos desses produtos agrícolas também constituem uma limitação importante na obtenção e recolha de dados adequados para este projeto de investigação.

1.8 Clarificação dos termos

Política comercial

A noção de política fiscal é um objeto transdisciplinar que tem recebido uma atenção considerável por parte de economistas, cientistas políticos, estudiosos das relações internacionais e sociólogos que procuram compreender as suas origens, natureza e resultados. A sua concetualização tem mudado de acordo com os desenvolvimentos teóricos em cada uma das disciplinas que a alimentam - a ascensão do neo-institucionalismo e da economia política internacional são apenas dois dos principais subcampos que contribuíram para enriquecer as teorias da política comercial. A nível empírico, a própria definição de política comercial sempre dependeu da história da economia mundial. Assim, a natureza mutável e a importância cada vez maior do comércio internacional nos últimos 50 anos renovaram as controvérsias em torno das ramificações económicas, sociais e ambientais da política comercial e, de um modo mais geral, em torno da evolução das relações entre os mercados e os Estados sob os novos constrangimentos da globalização.

Setor agrícola na Nigéria

A agricultura na Nigéria é um ramo da economia do país, dando emprego a cerca de 35% da população em 2020. Segundo a FAO, a agricultura continua a ser a base da economia nigeriana, apesar da presença de petróleo no país. É a principal fonte de subsistência para a maioria dos nigerianos. O sector agrícola é composto por quatro subsectores: Produção vegetal, pecuária, silvicultura e pesca. No terceiro trimestre de 2019, o sector cresceu 14,88% em termos nominais, com um declínio de 3,44% em relação ao terceiro trimestre de 2018. O maior impulsionador do setor continua sendo a Produção Vegetal, pois representa 91,6% do setor no terceiro trimestre de 2019, com um crescimento trimestral de 44,12%. A agricultura sector contribuiu com 29,25% para o PIB real global durante o terceiro trimestre de 2019.

CAPÍTULO DOIS

REVISÃO DA LITERATURA RELACIONADA E ENQUADRAMENTO TEÓRICO

2.1 Revisão da literatura

A Nigéria é conhecida por ser um país dotado de recursos naturais. Todos os países atualmente industrializados passaram pela era agrária. De facto, o sector agrícola continua a ser a espinha dorsal do sector industrial. Na maioria das nações em desenvolvimento, o comércio externo é fundamental para todas as facetas do crescimento económico e do desenvolvimento, incluindo a agricultura. Antes da descoberta do petróleo na década de 1960, a agricultura era a principal fonte de receitas da nação (Lawal, Asaleye, I seOlorunkanmi e Popoola, 2018); (Adedoyin Isola Lawal, Nwanji, Asaleye e Ahmed, 2016); (Asaleye, Isoha, Asamu, Inegbedion, Arisukwu, Popoola, 2018); (Ayopo, Isola e Olukayode, 2016).

A Nigéria tem sido considerada um dos países que dependem da importação e da preferência por produtos estrangeiros, negligenciando em grande medida os produtos produzidos localmente. O sector agrícola nigeriano tem registado uma baixa produção devido ao fator auto-infligido da importação maciça de produtos alimentares para alimentar uma população cada vez maior. A nação não produz alimentos suficientes para satisfazer a procura dos seus cidadãos.

Este facto levanta uma série de problemas no que diz respeito ao desenvolvimento da agricultura. De um modo geral, há menos motivação para os criadores de gado da vizinhança se desenvolverem, quando são transportados alimentos mais baratos e mais atractivos (Lawal, et al, 2018). É necessário ter em conta a produção agrícola. Este documento examinou o efeito do comércio externo na produção agrícola.

A teoria de David Ricardo defende que a premissa do intercâmbio global é a posição relativamente favorável no custo de criação. O seu modelo não dá resposta à questão de saber porque é que as nações têm uma posição preferida próxima e um serviço semelhante na produção de produtos diferentes. O modelo de Ricardo não explica porque é que existem contrastes na curva de plausibilidade de duas nações. O modelo de troca Heckcher-Ohlin expressa que a posição favorável relativa no custo de criação é esclarecida apenas pelas distinções no enriquecimento de factores das nações. O enriquecimento dos factores, por exemplo, a acessibilidade dos bens incorpora a dotação da natureza e também os métodos de criação criados pelo homem. Ele sustentou que os factores de enriquecimento das nações são únicos; há países que têm riqueza de capital enquanto outros têm plenitude de trabalho (Ricardo, 1817).

Assim, um país com trabalho sério tem quase uma vantagem de custo na criação de mercadorias que são trabalho sério, enquanto as nações sem capital têm quase uma vantagem de custo na geração de mercadorias que requerem inovação de capital sério. Uma das ramificações deste trabalho de caso é que a troca constrói o retorno genuíno para o fator que é moderadamente abundante em cada nação e reduz o retorno genuíno para os factores seguintes (Lawal, A. I., Somoye, R.O.C., Babajide A. A. e Nwanji, 2018); (Lu, Li, Zhou, & Qian, 2017); (Skorepa & Komarek, 2015).

Para a Teoria do Excedente do Comércio Internacional A hipótese da ventilação para o excedente foi criada por Adam Smith (1937) para alargar a publicidade doméstica. Foi alargada aos países criadores. Esta hipótese aceitava uma relação positiva entre as trocas universais e o desenvolvimento financeiro. De acordo com esta hipótese, a abertura dos mercados mundiais a ordens sociais agrárias remotas faz com que as aberturas não migrem activos completamente utilizados, como nos modelos habituais, mas sim que utilizem activos de terra e de trabalho subempregados no passado para fornecer um rendimento mais notável para a tarifa aos mercados remotos. Além disso, os activos de engrenagem seriam suficientemente utilizados com o avanço da troca e expandirão a geração de itens essenciais para o comércio, desta forma movendo a economia doméstica para a sua plausibilidade de geração selvagem (Nakatani, 2018); (Thorbecke, 2018).

Erten & Metzger, 2019 utilizaram um conjunto abrangente de dados entre países de 1960 a 2015 para um conjunto de 103 economias desenvolvidas e em desenvolvimento, de modo a saber se a manipulação da taxa de câmbio induz ou não mudanças no mercado de trabalho. O estudo observou que as economias em desenvolvimento com uma taxa de câmbio real subvalorizada registam um aumento de participantes na força de trabalho feminina. (Guzman, Antonio e Stiglitz, 2018) examinaram o impacto das políticas cambiais no desenvolvimento económico e observaram que uma política cambial estável e competitiva pode ter um impacto positivo em qualquer externalidade observada e em quaisquer distorções do mercado, o que, por sua vez, induzirá um crescimento económico positivo.

Os autores observaram ainda que as políticas industriais convencionais que aumentam a elasticidade da oferta agregada à taxa de câmbio (Chen e Ward, 2019); (Kim e Hyun, 2018); (He, Zhu, Chen e Shi, 2015); (Parsley e Popper, 2014); (Lawal,

Babajide, Nwanji e Eluyela, 2018); (Lawal et al, 2019); (Ayopo, Isola, e Olukayode, 2016); (Ayopo, B. A., Isola, L. A. & Olukayode, 2016); (Ayopo, Isola, e Olukayode, 2015). (Bouvet, Ma, e Assche, 2017) avaliaram o impacto do conteúdo de importação da empresa no grau de passagem de tarifas e taxas de câmbio para os preços de exportação da economia chinesa.

O estudo utilizou o modelo de preços para o mercado, bem como dados ao nível da empresa para o período de 2000 a 2006, e observou que a quota de conteúdo de importação de uma empresa tem um impacto negativo significativo na profundidade da passagem da taxa de câmbio, mas não afecta o nível de passagem tarifária (Isola, Frank e Leke, 2015); (Fashina, Asaleye, Ogunjobi e Lawal, 2018); (Lawal, Oye, Toro e Fashina, 2018); (Smallwood, 2019); (Alley, 2018). (P. Chen, Zeng e Lee, 2018) avaliaram o efeito da subvalorização e sobrevalorização da moeda nas exportações da China e os efeitos colaterais desses desalinhamentos nas exportações dos 9 principais mercados asiáticos.

O estudo identificou a principal força do desequilíbrio do comércio mundial no desvio do valor de equilíbrio a longo prazo, ao contrário do que se pensava anteriormente, que era induzido por flutuações da taxa de câmbio. O estudo identificou ainda as taxas de câmbio reais bilaterais e médias ponderadas como factores impulsionadores dos desalinhamentos do Renminbi (RMB) (Rodriguez, 2016).

Relativamente à economia iraniana, (Khalighi e Fadaei, 2017) examinaram o impacto da taxa de câmbio sobre as exportações como um fator-chave no rendimento em moeda estrangeira proveniente de produtos agrícolas, com base em dados provenientes de 1991 a 2001. O estudo utilizou testes simples de mínimos quadrados ordinários e testes estacionários. O estudo observou que a taxa de câmbio é um fator crucial para a exportação de datas e também para os exportadores.

O estudo observou ainda que a unificação da taxa de câmbio sem um regime adequado de política cambial induzirá um efeito negativo na economia (Demian & Mauro, 2018); (Bouraoui e Phisuthtiwatcharavong, 2015); (Oye, Lawal e Eneogu, 2018); (Lawal, Nwanji, Oye e Adama, 2018); (Lawal, 2014). Para a economia argentina, (Chen e Juvenal, 2016) empregaram modelos teóricos e empíricos para examinar o impacto das mudanças na taxa de câmbio real sobre o comportamento das empresas que exportam vários produtos com nível heterogéneo de qualidade.

2.2 Quadro concetual

2.2.1 Estrutura da exportação agrícola

Nas décadas de 1950 e 1960, a agricultura representava 60-70% do total das exportações. A Nigéria era então um grande exportador de cacau, algodão, óleo de palma, palmiste, amendoim e borracha. As culturas agrícolas e alimentares registaram taxas médias de crescimento anual de 3-4%. As receitas públicas dependiam em grande medida dos impostos sobre as exportações agrícolas e tanto a balança corrente como a balança fiscal dependiam em certa medida da agricultura. Entre 1970 e 1974, a percentagem das exportações agrícolas no total das exportações caiu de cerca de 43% para pouco mais de 7% (Ayopo & Olukayode, 2016).

Entre meados da década de 1970 e meados da década de 1980, a taxa média de crescimento anual das exportações agrícolas diminuiu 17%. Em 1996, a agricultura representava apenas 2% das exportações. Como as exportações agrícolas diminuíram em relação aos tradicionais 12-15 produtos de base da década de 1960, a Nigéria tornou-se um importador líquido de alguns produtos de base que exportava anteriormente. Além disso, o mercado para as exportações agrícolas da Nigéria não aumentou consideravelmente, uma vez que quase todas as exportações se destinam à União Europeia, e quase na sua forma primária, sem qualquer valor acrescentado apreciável. A principal causa do declínio das exportações agrícolas foram os choques petrolíferos de 1973-74 e 1979, que provocaram grandes afluxos de divisas e o abandono dos sectores agrícolas ("doença holandesa "2). A consequência deste fenómeno foi que, devido à reduzida competitividade da agricultura, a Nigéria começou a importar alguns dos produtos agrícolas que exportava anteriormente e outras culturas alimentares em que era autossuficiente. Por exemplo, entre 1970 e 1982, a Nigéria perdeu mais de 96,6% das suas exportações em termos nominais. A produção interna de alimentos também diminuiu substancialmente, fazendo com que a fatura da importação de alimentos atingisse um máximo de cerca de 4 mil milhões de dólares em 1982.

O aumento astronómico das importações foi financiado pelas receitas do petróleo, que garantiram saldos positivos da balança de transacções correntes em 1979 e 1980. Em 1986, a situação tinha atingido a fase de crise, dramatizando a ineficácia da política de industrialização através da substituição de importações. Esta estratégia, que conferia proteção à indústria transformadora concorrente das importações através da imposição de direitos elevados sobre as importações de produtos acabados e de direitos reduzidos sobre as matérias-primas e os bens intermédios, tributava o sector dos bens exportáveis (agrícolas) da economia, de tal modo que, na altura em que o mercado petrolífero entrou em colapso, muitas empresas transformadoras já não podiam funcionar devido à falta de divisas para importar matérias-primas (Ayopo, Isola, & Olukayode, 2016).

Uma consequência da incapacidade deste regime político para fazer face ao choque negativo dos preços do petróleo foi a sua substituição por uma política externa virada para o exterior, no âmbito do Programa de Ajustamento Estrutural (PAE) introduzido em 1986. No âmbito do PAE, a tónica foi colocada na diversificação da base de exportação da Nigéria, para além do petróleo, e no aumento das receitas em divisas não petrolíferas. Para atingir os objectivos do programa, o governo implementou uma série de reformas políticas e incentivos para encorajar a produção e a exportação de bens transaccionáveis não petrolíferos, bem como para alargar o mercado de exportação da Nigéria (Lawal, Nwanji, Adama, Otekunrin, 2017).

2.2.2 Visão e crescimento do sector agrícola

A visão para a agricultura está expressa no documento National Economic, Empowerment and Development Strategy (NEEDS), que foi adotado em 2004. O objetivo estratégico da NEEDS é afastar a economia do petróleo e promover o desenvolvimento do sector privado com a participação da comunidade. A NEEDS reconhece a importância da agricultura na economia nigeriana, apesar do papel dominante do petróleo como principal produto de exportação. A redução da pobreza na Nigéria depende fundamentalmente da agricultura, tendo em conta a percentagem da força de trabalho que produz bens rurais, as perspectivas de segurança alimentar e o fornecimento de matérias-primas industriais. Por conseguinte, o governo está empenhado em aumentar o investimento na produção alimentar e agrícola, destinando 3% do orçamento nacional à agricultura e fixando um objetivo de crescimento de 6% para o sector. Para devolver à agricultura o seu antigo estatuto de sector líder da economia, o NEEDS prevê um aumento das exportações agrícolas para 3 mil milhões de dólares até 2007 e uma redução das importações de alimentos de 14,5% do total das importações para 5% até 2007 (Lawal, et al, 2017).

2.2.3 Constrangimentos ao crescimento das exportações agrícolas

O objetivo deste capítulo é abordar os desafios das exportações agrícolas na Nigéria no contexto do crescimento económico nacional, diagnosticando os constrangimentos que as impedem de atingir o seu potencial e, com base em provas, oferecer opções políticas para uma maior eficiência e competitividade.

2.2.4 Políticas comerciais no sector agrícola na Nigéria

O sector agrícola da Nigéria foi vítima de discriminação política após as grandes descobertas de petróleo. No início da década de 1970, a mão de obra e o capital abandonaram a agricultura em favor da indústria transformadora, da indústria mineira, da construção e dos serviços. Esta "doença holandesa" crónica, resultante da sobrevalorização da moeda nigeriana, manteve-se na Nigéria até ao presente, apesar de vários programas de ajustamento estrutural. Antes da reeleição do atual regime democrático em 2003 e da introdução de um novo programa de reformas económicas, a elaboração de políticas baseadas em dados concretos era limitada. Havia pouca investigação, análise ou avaliação e uma ausência de conhecimento e compreensão aprofundados das questões técnicas no sector público. Os institutos de investigação e as universidades estavam isolados da elaboração das políticas. O envolvimento do sector privado concentra-se na obtenção de acesso à presidência para obter favores especiais, em vez de pressionar no sentido de melhorias gerais das políticas. A preocupação dos agentes privados com o facto de o governo não cumprir a sua palavra é legítima, e a sua preocupação com a descontinuidade das políticas é válida (Lawal, Nwanji, Adama, Otekunrin, 2017).

Outra política prejudicial tem sido a ênfase do governo na transformação agrícola local. O valor acrescentado local como política é desejável na medida em que promove o emprego e aumenta as receitas em divisas. Na Nigéria, esta política fracassou devido a dois grandes problemas. Em primeiro lugar, as infra-estruturas deficientes e os elevados custos dos factores de produção (por exemplo, energia e crédito) colocam os produtos nigerianos numa situação de desvantagem competitiva. Em segundo lugar, os países importadores impõem frequentemente barreiras que são por vezes intransponíveis para os países exportadores. (As comunicações pessoais com membros de várias câmaras bilaterais de comércio, minas e agricultura revelam esta tendência).

Há dois outros condicionalismos políticos que são dignos de nota: a política cambial e a política de preços dos factores de produção. Os fertilizantes são um exemplo de ambos. Um elemento proeminente da política agrícola desde a década de 1980 é a aquisição e distribuição públicas de fertilizantes. Reconhecendo que os fertilizantes são um fator de produção agrícola fundamental, o governo tem continuado a seguir uma política destinada a assegurar a sua utilização pelos agricultores. O seu fornecimento tem sido aumentado praticamente numa base anual. Por exemplo, entre 1989 e 1990, aumentou 33%, em 1991 14% e em 1993 15% (Lawal, et al, 2017).

A questão importante aqui é que a oferta tem sido consistentemente, e cada vez mais, atrasada em relação à demanda, dando origem a aumentos de preços e fraudes na distribuição. Para aumentar o acesso dos agricultores, o número de depósitos foi aumentado e o governo federal suportou o custo do transporte das fábricas nacionais e dos portos marítimos para os depósitos. No entanto, na sequência do PAE, os subsídios foram constantemente reduzidos. A política de contratos públicos procurou incentivar a utilização de fertilizantes pelos agricultores, enquanto a política de preços dos factores de produção aumentou o custo para os agricultores. Um resultado natural desta situação tem sido a baixa utilização de fertilizantes. Os inquéritos anuais sobre a agricultura a nível nacional mostram que o aumento do preço dos factores de produção dificultou a sua aquisição pelos agricultores nas quantidades necessárias.

Isto foi atribuído à desvalorização da naira, ao aumento do custo dos serviços públicos e à redução dos subsídios aos fertilizantes, combustíveis, agro-químicos e sementes. Por exemplo, um saco de fertilizante de 50 kg era vendido em 1999 por 1800 nairas na maior parte do país, contra o preço subsidiado de 800 nairas recomendado. Assim, a desvalorização da taxa de câmbio da naira e a sua contínua desvalorização, que, por um lado, aumentaram as exportações e os preços no produtor, por outro, combinaram-se com a política de subsídios para aumentar o custo dos factores de produção, limitando assim a sua utilização pelos pequenos agricultores, que constituem a maior parte dos produtores agrícolas:

(i) orientações em matéria de crédito do Banco Central da Nigéria (CBN); (ii) taxas de juro concessionais; (iii) regimes bancários rurais; (iv) regimes de garantia de crédito agrícola; (v) empréstimos diretos. A partir do ano fiscal de 1972, o CBN prescreveu a atribuição de crédito pelos bancos a sectores designados.

Os bancos eram obrigados a emprestar uma proporção mínima da sua carteira de empréstimos à agricultura. O requisito de afetação setorial obrigatória foi abolido em outubro de 1996. As orientações históricas não foram efetivamente respeitadas pelos bancos, sendo a agricultura um dos sectores mais afectados, uma vez que os bancos não concederam empréstimos a projectos rurais. Antes da desregulamentação das taxas de juro, em julho de 1987, os empréstimos à agricultura eram em grande medida concessionais. Antes da desregulamentação das taxas de juro em julho de 1987, os empréstimos à agricultura eram em grande parte concessionais.

Taxa mínima de redesconto da CBN. Entre 1987 e 2000, a taxa normal de mercado aplicada a todos os empréstimos era aplicável ao sector agrícola. Em 2000, os bancos apresentaram à CBN as suas propostas de redução da taxa de juro para os agricultores ao abrigo do Regime de Garantia do Crédito Agrícola (RGA), tendo em conta a elevada taxa de incumprimento dos beneficiários do RGA. A proposta foi rejeitada.

Assim, o elevado custo do capital continuou a constituir um entrave ao crescimento da agricultura, incluindo as exportações. Em 1977, foi introduzido um programa bancário rural destinado a mobilizar as poupanças rurais e a canalizá-las para actividades rurais produtivas. Em junho de 1992, tinham sido abertas 765 agências bancárias em 766 centros. O rácio entre os fundos mobilizados localmente e os empréstimos rurais foi claramente estipulado. Em 1977, era de 30 por cento e, em 1993, tinha sido aumentado para 50 por cento. A atribuição obrigatória de crédito foi abolida em outubro de 1996 (Lawal, et al, 2017).

Uma vez mais, enquanto durou, a eficácia desta política continua a ser controversa. O ACGS, criado em 1978 para prestar garantias relativamente a empréstimos e adiantamentos concedidos ao sector, destinava-se a incentivar os bancos a aumentar as suas facilidades de crédito aos agricultores. O regime, financiado pelo Governo Federal da Nigéria (FGN)/CBN num rácio de 60:40, tinha uma base de capital de 100 milhões de nairas. O fundo era obrigado a reembolsar 75% dos empréstimos se os agricultores beneficiários não conseguissem reembolsar os bancos ao abrigo do regime. Os dados disponíveis mostram que, em média, apenas 25% dos empréstimos concedidos ao abrigo do regime durante os primeiros cinco anos de atividade tinham um prazo de vencimento igual ou superior a 24 meses. Os empréstimos concedidos ao abrigo do regime representam cerca de 20% do total dos empréstimos agrícolas (Lawal, et al 2017).

No entanto, a partir de 1985, a CBN começou a estipular períodos de carência para os empréstimos agrícolas - um a quatro anos para os pequenos agricultores que produzem culturas de rendimento, e cinco anos para os agricultores mecanizados de média e grande escala. O esquema pouco fez para fornecer crédito aos pequenos agricultores. Em 1978, o primeiro ano de funcionamento, apenas 10,4 milhões de nairas foram garantidas como empréstimos. Em 1981 e 1984, os valores foram de 32,2 milhões de nairas e 24,7 milhões de nairas, respetivamente. Além disso, os grandes agricultores e as cooperativas receberam a maior parte dos empréstimos garantidos, enquanto os empréstimos recebidos pelos pequenos agricultores foram insignificantes. Especificamente para as principais culturas de exportação, no início da década de 1990, os beneficiários da garantia para empréstimos de 20 000 nairas ou mais constituíam a maior parte dos beneficiários (Lawal, Nwanji, Adama, Otekunrin, 2017).

A partir de meados da década de 1990, os empréstimos garantidos para as exportações agrícolas tornaram-se efetivamente insignificantes. Com esta evolução, os bancos comerciais, sendo naturalmente avessos ao risco, hesitariam em conceder empréstimos aos pequenos agricultores, que normalmente não dispõem de garantias adequadas para cobrir esses empréstimos. Os bancos comerciais, que têm um melhor desempenho na concessão de empréstimos a longo prazo do que os bancos comerciais convencionais, deveriam ver o investimento agrícola incluído na sua carteira. No entanto, os pequenos agricultores de culturas de exportação têm beneficiado muito pouco (Lawal, Nwanji, Adama, Otekunrin, 2017).

Por exemplo, 90% dos empréstimos do banco comercial para a agricultura em 1994-99 foram concedidos a entidades empresariais. O Banco Agrícola e Cooperativo de Desenvolvimento Rural da Nigéria tem dois tipos de empréstimos, diretos e indirectos. Este último é normalmente concedido aos Ministérios da Agricultura dos Estados para posterior concessão de empréstimos aos pequenos agricultores. O primeiro consiste na concessão de empréstimos diretos do banco aos beneficiários. Foi observado que a atribuição desproporcionada de empréstimos do banco a favor de grandes mutuários pode indicar que o banco reconhece as economias de escala e a redução dos custos de transação associados à contração de empréstimos em grande escala.

Um outro problema tem sido o destino da instituição de crédito especializada conhecida como Nigeria Export-Import Bank (NEXIM). O NEXIM foi criado principalmente para conceder crédito aos exportadores através dos bancos comerciais participantes, para identificar os mercados de exportação para os produtos de base nigerianos e para estabelecer a ligação entre os mercados estrangeiros e os exportadores. Esperava-se que o NEXIM trabalhasse em estreita colaboração com o Conselho de Promoção das Exportações da Nigéria, que está encarregado de administrar os incentivos à exportação em todos os Estados (Arkolakis et al. 2012)

As duas instituições enfrentaram sérios desafios no exercício das suas responsabilidades. A corrupção contribuiu em grande medida para os maus resultados das duas instituições, especialmente na administração de incentivos como o regime de draubaque de direitos. A NEXIM viu-se confrontada com problemas adicionais de disponibilidade de divisas voláteis e de subcapitalização.

Estes factores condicionam as exportações e a produção. A falta de infra-estruturas rurais de base, especialmente estradas, aumenta o custo dos factores de produção agrícola para os pequenos agricultores e reduz os preços que lhes são pagos. Direção de Alimentação, Estradas e Infra-estruturas Rurais (DFRRI) e 17

Os projectos de desenvolvimento agrícola (ADP) destinavam-se a resolver o problema das infra-estruturas rurais. O facto de o DFRRI não ter tido grande impacto nas infra-estruturas rurais é bem conhecido, embora as causas possam incluir a politização da sua administração. Do mesmo modo, os PDA tiveram pouco impacto sustentado nas infra-estruturas rurais (Arkolakis et al. 2012).

A prestação de serviços de extensão foi comparada a um fator de produção, na medida em que reforça as capacidades empresariais dos camponeses. Na década de 1960, a extensão desempenhava razoavelmente bem esta função. Com o rápido desenvolvimento de novas variedades da maioria das culturas pelos institutos de investigação desde os anos 80, a necessidade de serviços de extensão para informar os agricultores sobre a sua utilização é mais premente do que nunca. No entanto, a maior parte dos ADP não conseguiu prestar serviços de extensão aos agricultores das suas zonas devido à falta de fundos. Este desenvolvimento tem sido atribuído à eliminação progressiva das facilidades de empréstimo do Banco Mundial para os PDA, uma vez que os governos federal e estadual não foram capazes de contribuir com fundos correspondentes para a sua sustentabilidade (Arkolakis et al. 2012).

Antes de o atual governo assumir o poder em 1999, a agricultura crescia a uma média de cerca de 2,8% ao ano, principalmente devido à expansão da área cultivada. Subsequentemente, com a agenda de reformas do governo democrático e melhores políticas macroeconómicas, o país assistiu a algumas melhorias no ambiente empresarial e na produtividade. Através das várias iniciativas presidenciais, os constrangimentos com que se confrontam os diferentes produtos de base estão a ser resolvidos um após o outro (Arkolakis et al. 2012).

De acordo com a CBN (2005), o efeito cumulativo destas reformas é que o sector agrícola tem crescido entre 5,5% e 7,5% nos últimos cinco anos. Os comités de iniciativa presidencial reúnem-se regularmente para informar o Presidente, e a composição de cada um deles é geralmente composta por partes interessadas; estão a ser registados progressos significativos em todas as frentes. Uma das iniciativas mais bem sucedidas é o Comité Nacional de Desenvolvimento do Cacau (NCDC), que é constituído por uma representação poderosa de todo o governo. O comité está a ter um impacto positivo na economia do cacau na Nigéria (Arkolakis et al. 2012).

A única preocupação dos académicos e planeadores é como institucionalizar algumas destas iniciativas de modo a que, quando o país eleger um não agricultor como presidente, estas iniciativas não sejam interrompidas. De acordo com o Banco

Mundial (2006a), a causa fundamental da baixa produtividade agrícola na Nigéria é a utilização muito reduzida de tecnologia moderna, evidenciada na fraca investigação e extensão, na utilização limitada de variedades de sementes melhoradas (e raças) e na falta de irrigação. Além disso, a debilidade dos recursos humanos e das competências é também um fator importante. O sistema nacional de investigação da Nigéria tem tido um sucesso limitado na produção de novas tecnologias que foram adoptadas pelos agricultores.

Isto deve-se a: (i) fraco financiamento das organizações públicas de investigação; (ii) fraca coordenação entre os institutos nigerianos de investigação agrícola (NARI), o que resulta numa duplicação desnecessária de esforços; (iii) tendência para a investigação ser orientada para a oferta, com pouca responsabilidade perante os agricultores. Os institutos públicos responsáveis pela investigação agrícola na Nigéria têm sido subfinanciados, especialmente durante os regimes militares. No âmbito das NARI, os orçamentos mantiveram-se estáveis, mesmo com o aumento do pessoal, o que obrigou a cortes drásticos nos orçamentos de funcionamento. A falta de colaboração sistemática entre as instituições de investigação no sector agrícola deu origem a uma afetação de recursos abaixo do ideal, caracterizada pela duplicação de esforços em algumas áreas e pelo subinvestimento noutras. Os agricultores tiveram uma influência limitada na orientação da investigação, o que levou ao desenvolvimento de tecnologias que não resolvem os problemas dos agricultores. Outro fator estreitamente relacionado é o facto de os serviços de extensão na Nigéria serem prestados principalmente através de agências públicas conhecidas como ADP. Muitos dos ADP baseados no Estado foram criados e capacitados com facilidades de crédito do Banco Mundial no final da década de 1970 e início da década de 1980. Nessa altura, estavam ativamente empenhados na prestação de serviços integrados de desenvolvimento agrícola e rural (Arkolakis et al. 2012).

Foram bastante bem sucedidos mas sofreram falta de sustentabilidade quando o crédito expirou. Algumas empresas privadas do sector agroindustrial, principalmente comerciantes de factores de produção, prestam serviços de extensão aos seus clientes, mas a cobertura é limitada a algumas culturas. Os programas públicos de extensão agrícola na Nigéria estão confiados aos três níveis de governo. A debilidade do sistema de extensão é causada principalmente pelo subinvestimento crónico em cada nível. Tal como o sistema de investigação, o sistema de extensão carece de responsabilização perante os agricultores. A partir da década de 1980, o governo federal criou um sistema unificado de extensão agrícola. Embora coordenado a nível federal, este sistema é implementado através dos ADP, que são geridos pelos Ministérios da Agricultura e dos Recursos Naturais dos Estados. A nível local, muitas autoridades governamentais locais (LGAs) mantêm unidades agrícolas que oferecem serviços de extensão (Arkolakis et al. 2012).

Recentemente, todos os estados concordaram em padronizar a prestação de serviços de extensão através do site LGAs. Esta abordagem comum teve um sucesso limitado.

A Nigéria tem uma vantagem comparativa potencial em muitos produtos rurais, mas a baixa produtividade tem sido um obstáculo a uma maior competitividade. Em termos ecológicos e climáticos, a Nigéria tem pelo menos 95 produtos diferentes que podem ser cultivados em diferentes partes do país. Por exemplo, enquanto a bacia do Senegal produz nerica a cerca de 7,5 toneladas por hectare (WARDA, 2005), a Nigéria regista, na melhor das hipóteses, 4,0 toneladas por hectare em ensaios de nerica (WARDA, 2005).

O elevado custo de produção tende a tornar as exportações nigerianas pouco competitivas. Os couros e peles nigerianos, especialmente os da raça de cabras de Sokoto, têm um prémio no mercado internacional de couros. O programa de reformas conseguiu pôr em evidência os desafios enfrentados pelos exportadores e fabricantes. As fábricas de curtumes nigerianas compram matérias-primas de toda a África Ocidental e Central para não terem as suas fábricas paradas.

E os desafios que enfrentam no decurso da sua atividade, como o estado das infra-estruturas de água, eletricidade e estradas, foram levados ao conhecimento do governo para serem resolvidos com urgência. Em todo o mundo, os preços no produtor são normalmente um incentivo para os agricultores produzirem mais. No entanto, no que se refere ao sector das exportações na Nigéria, dado que os produtos de base para exportação se encontram na sua forma primária, os preços internacionais têm estado geralmente em declínio e são pouco atractivos. Nos regimes cambiais frequentemente voláteis da Nigéria, os rendimentos dos agricultores (preços no produtor) provenientes da exportação serão, na melhor das hipóteses, estáticos, se não mesmo decrescentes; por conseguinte, torna-se bastante difícil manter a produção.

Isto é particularmente verdade na Nigéria, onde os custos de produção são geralmente elevados e imóveis. A fim de retificar esta situação, a política comercial dos últimos tempos tem incentivado a adição de valor acrescentado aos produtos primários antes da exportação. Os países importadores, especialmente na América do Norte e na Europa, desencorajam a adição de valor local (especialmente no caso do cacau) porque isso retira emprego aos seus cidadãos, ao mesmo tempo que aumenta os seus custos de produção devido aos custos de importação mais elevados (free on board (f.o.b.) ou custo, seguro e frete (c.i.f.)). Os países importadores invocam geralmente como desculpa as normas (especificações) deficientes e as condições não higiénicas do ambiente de transformação nos países exportadores.

Assim, a resposta da oferta aos incentivos aos preços pode ser inicialmente elevada em resultado da desvalorização, mas a ilusão monetária desaparece rapidamente devido ao aumento dos custos dos factores de produção. Esta foi a experiência dos produtores de cacau no final da década de 1980, quando o PAE foi introduzido. Assim, a desvalorização foi nominal (Arkolakis et al. 2012).

2.3 Quadro teórico

O quadro teórico para avaliar a possibilidade de comércio a nível regional tem as suas raízes na nova teoria do comércio, baseada no aumento do retorno à escala e na geografia económica, atribuída a Paul Krugman em 1991. Krugman desenvolveu um quadro simples que mostra que os países podem diferenciar-se endogenamente num país industrializado de produção de exportação numa empresa global bem definida (Krugman 1991).

A aplicação desta teoria foi confirmada por Coyle et al. (1998), Bajona e Kehoe (2010) e Mitze (2010) utilizando o modelo gravitacional. A mais recente teoria refinada da hipótese de Krugman proposta por Chaney (2008), que encontra a sua aplicação no modelo gravitacional anteriormente proposto por Melitz (2003), foi recentemente utilizada por Arkolakis et al. (2012), Bergstrand et al. (2014) e Kabir et al. (2017). O volume da literatura está a aumentar e a remodelar a nossa compreensão da dinâmica do comércio a nível regional. Em 1980, Paul Krugman previu que uma maior elasticidade de substituição entre bens aumenta o impacto do fluxo comercial. Como referido em Chaney (2008), o académico argumenta e mostra a aplicação desta heterogeneidade das empresas num modelo simples de comércio internacional.

Krugman estabeleceu esta proposição utilizando os conceitos de distribuição óptima de Pareto e previu que o impacto do fluxo comercial é atenuado pela elasticidade de substituição e não ampliado (Bergstrand et al. 2013,2014; Chaney 2008; Arkolakis et al. 2012; Melitz 2003).

Esta posição foi adoptada por Melitz (2003), que decidiu desenvolver um quadro para examinar o comércio bilateral agregado dos exportadores existentes com base na utilização intensiva e extensiva de métodos alternativos para ter plenamente em conta a heterogeneidade observada e variável no tempo dos custos comerciais bilaterais. Assim, Chaney (2008)

propôs uma elasticidade mais elevada para tornar a margem intensiva mais sensível à alteração dos entraves ao comércio, ao mesmo tempo que torna a margem extensiva menos sensível (Chaney 2008).

A razão subjacente a este argumento é que as barreiras comerciais diminuem a capacidade de uma empresa entrar no mercado de exportação. Além disso, Bergstrand et al. (2014) examinaram o mesmo assunto e mediram três efeitos importantes no comércio internacional. Ele relatou que as evidências do seu estudo foram distorcidas usando uma equação gravitacional devidamente especificada e concluiu que as estatísticas comparativas de equilíbrio geral exemplificam uma diferença considerável nos efeitos do comércio na sua observação empírica. 2.2.2 Evidências de séries temporais O efeito da integração económica no desempenho das exportações agrícolas tem sido muito debatido no meio académico. As principais preocupações têm sido os factores de integração regional, as suas consequências estáticas e dinâmicas sobre a teoria das uniões aduaneiras (Che et al. 2015; Fuchs e Klann 2013; Qureshi 2013). Vários estudos investigaram os efeitos da liberalização do comércio sobre o crescimento das exportações nos países em desenvolvimento com resultados inconclusivos. Alguns estudos identificaram efeitos positivos da liberalização do comércio no desempenho das exportações (Bleaney e Wakelin 2002; Coyle et al. 1998; Hoque e Yusop 2012; Krueger 1997), enquanto outros confirmaram uma relação insignificante ou mesmo negativa (Greenaway et al. 1999; Jenkins 1997). Além disso, existem estudos sobre a integração económica que apoiam o resultado de que a integração económica tem o potencial de garantir o crescimento económico e aumentar o bem-estar através do canal das exportações. Por exemplo, Coyle et al. (1998) utilizaram uma versão modificada do modelo do projeto de análise do comércio mundial (GTAP) para analisar o papel das diferentes forças subjacentes às mudanças na composição dos mercados agrícolas e alimentares mundiais nos últimos quinze anos.

O estudo isolou os factores da oferta e da procura, bem como a variação do custo dos transportes e as alterações políticas. Os autores referiram que o custo dos transportes e os factores relacionados são determinantes importantes para explicar a mudança no comércio global. Nin-pratt et al. (2009) fizeram uma estimativa utilizando uma análise de equilíbrio parcial combinada com dados comerciais bilaterais ao nível da Classificação Internacional Normalizada do Comércio (SITC) de quatro dígitos para 193 indústrias agrícolas em 14 países da África Austral, para avaliar os potenciais impactos de um acordo de comércio livre (ACL) no sector agrícola dos países da África Austral. Os seus resultados indicaram que os efeitos globais de bem-estar de um ACL seriam positivos mas pequenos na maioria dos países, sugerindo que os maiores benefícios iriam para os países com uma vantagem comparativa regional para a agricultura, embora continuem a ser produtores ineficientes de produtos de base comercializados a nível regional. Do mesmo modo, Hoque e Yusop (2012) estimaram uma abordagem de teste de obrigações com um modelo de desfasamento distribuído autoregressivo (ARDL) para o Bangladesh entre 1972 e 2005. O seu estudo avaliou os impactos da liberalização do comércio no desempenho das exportações e indicou que as exportações são maioritariamente estimuladas pelo crescimento do PIB no Bangladeche. No seu trabalho, Potelwa et al. (2017) avaliaram os factores que influenciam as exportações agrícolas da África do Sul para o seu destino cardinal entre 2001 e 2014. Os autores utilizaram um modelo gravitacional para investigar o fluxo comercial, que foi validado como uma ferramenta adequada para determinar o crescimento das exportações. Os seus resultados indicaram que as importações sobre o produto interno bruto provocaram um aumento das exportações agrícolas. Os autores sublinharam ainda que a distância e a instabilidade política não têm influência no crescimento das exportações agrícolas para os seus parceiros. Hadjiyiannis et al. (2016) investigaram as implicações dos acordos comerciais preferenciais (PTAs) para os conflitos interestaduais. O seu estudo criou um jogo de duas fases com três importadores concorrentes, em que, em primeiro lugar, dois dos países decidem se iniciam uma guerra entre si e, posteriormente, os três países selecionam as suas tarifas de importação. Os resultados mostraram que os PTAs produzem tanto um efeito de "criação de paz" quanto um efeito de "desvio de paz", pelo qual reduzem a probabilidade de conflito entre os países membros (criação de paz), mas tornam mais provável a erupção da guerra entre países membros e não membros (desvio de paz).No norte da África, Bakari e Mabrouki (2018) procuraram a influência da exportação agrícola no crescimento económico entre 1982 e 2016, usando o modelo de gravidade estático. Os seus resultados empíricos mostraram que a política agrícola tem um impacto significativo no investimento agrícola e nas políticas de abertura comercial na região. Do mesmo modo, Uysal e Mohamoud (2018) analisaram o impacto no desempenho das exportações de sete países da África Oriental, utilizando dados dos Indicadores de Desenvolvimento Mundial entre 1990 e 2014, e sugeriram a necessidade de substituir as exportações agrícolas por exportações industriais, melhorar as infra-estruturas, a qualidade do capital humano e a necessidade de políticas para atrair investidores internacionais. Em contrapartida, um grupo de estudos contestou este ponto de vista, afirmando que parece existir uma relação negativa entre o potencial de integração económica e o desempenho das exportações. Este grupo de estudos afirma que se observam empiricamente efeitos negativos no bem-estar e na política interna, bem como na sobrevivência das empresas nacionais (Ahmed e Uddin 2009; Panagariya 2003; Baldwin 2006; Jenkins 1997; Greenaway et al. 1999; Bhagwati 1993). Por exemplo, Panagariya (2003) dedicou mais de 20 anos da sua carreira à análise do efeito estático do regionalismo sobre o bem-estar. O autor conduziu

A maior parte da sua análise parte do quadro de vantagens comparativas de Heckscher-Ohlin-Samuelson e da teoria da contribuição dos sindicatos aduaneiros, enraizada na teoria do second best que remonta a Viner (1950) e Lipsey (1960).

Panagariya (2003), debatendo em que medida as condições óptimas são satisfeitas, argumentou que os acordos comerciais regionais (ACR) são políticas discriminatórias essenciais. Os resultados de Panagariya (2003) mostraram que a base de negociação do comércio regional tem o seu efeito de bem-estar nos objectivos que esse acordo procura alcançar.

Baldwin (2006) apresentou a lógica da economia política da liberalização do comércio, utilizando-a para estruturar uma narrativa da liberalização do comércio mundial desde 1947. A lógica é depois utilizada para projetar o mapa pautal mundial em 2010, argumentando que o padrão será marcado por fractais - blocos comerciais difusos e com fugas, constituídos por sub-blocos difusos e com fugas. A passagem para o comércio livre de direitos aduaneiros a nível mundial exigirá uma multilateralização do regionalismo. Do mesmo modo, Jenkins (1997) discutiu os argumentos teóricos que sustentavam uma tal política e as principais críticas neo-estruturalistas. Analisou os efeitos da liberalização na afetação de recursos, no crescimento da produtividade e no desempenho das exportações e sugeriu que os resultados da liberalização do comércio têm sido decepcionantes. Este facto, segundo ele, deu origem a algum ceticismo quanto às vantagens de uma política de liberalização do comércio por atacado num país de baixos rendimentos como a Bolívia. Do mesmo modo, Greenaway et al. (1999) estimaram um modelo dinâmico para o crescimento das exportações através da construção de um painel de 69 países. O estudo explorou o papel da composição das exportações na determinação do crescimento; registou uma forte relação positiva entre as exportações e o crescimento. Além disso, o estudo afirmava que a composição dessas exportações era importante para determinar a força do crescimento.

Houve outras tentativas de encontrar a causalidade entre a integração económica e o desempenho das exportações, com o objetivo de determinar o potencial das exportações para estimular a cooperação regional, com resultados mistos. Por exemplo, Beyene (2014) inspeccionou a vantagem comparativa (RCA) da África Subsariana (ASS) e da América Latina e Caraíbas (ALC) na exportação de cinco subsectores de mercadorias (durante 1995 a 2010) utilizando a base de dados dos Indicadores de Desenvolvimento Mundial e relatou que, apesar das melhorias observadas, a quota comercial e a integração económica da ASS e da ALC são baixas. Da mesma forma, Ahmed e Uddin (2009) investigaram o nexo de causalidade entre exportações, importações, remessas e crescimento do PIB no Bangladeche, utilizando dados anuais de 1976 a 2005, e relataram um apoio limitado a favor da hipótese do crescimento induzido pelas exportações no Bangladeche, uma vez que as exportações, as importações e as remessas só provocaram o crescimento do PIB a curto prazo. O nexo de causalidade era, por conseguinte, unidirecional. Em contrapartida, Francis et al. (2007), no seu artigo, utilizaram modelos de cointegração e de correção de erros para analisar a relação causal entre a diversificação das exportações agrícolas e o crescimento económico em oito países das Caraíbas selecionados, utilizando dados anuais de 1961 a 2000. Os resultados empíricos mostram que, a curto prazo, a diversificação das exportações agrícolas é a causa Granger do crescimento económico em Barbados e no Belize; não existe causalidade para os outros países. A longo prazo, a diversificação das exportações agrícolas com Granger provoca o crescimento económico na República Dominicana.

Pelo contrário, o autor também referiu que a diversificação das exportações agrícolas foi o resultado do processo de crescimento económico em Belize,

Costa Rica, Haiti e Jamaica, a longo prazo; não existia causalidade em Trinidad e Tobago. Não havia provas de causalidade bidirecional em nenhum dos países, nem a curto nem a longo prazo. Na África Ocidental, a onda de sucesso dos ACR tem gerado um debate aceso desde a criação da Comunidade Económica dos Estados da África Ocidental (CEDEAO) (Arkolakis et al. 2012).

Por exemplo, Olayiwola e Ola-David (2013) examinaram a interação entre a integração económica e a facilitação do comércio na CEDEAO e o desempenho dos blocos regionais na promoção das exportações. O objetivo do seu estudo foi alcançado utilizando estatísticas descritivas de dados anuais que abrangem o período de 1995 a 2009.

Os dados do seu estudo revelaram que o crescimento sustentado pode ser alcançado com o crescimento das exportações na região. Um grupo de estudos que aplicou o modelo gravitacional parece ser consistente nos seus resultados. Por exemplo, Sohn (2005) aplicou o modelo gravitacional para explicar os fluxos comerciais bilaterais da Coreia do Sul e para extrair aplicações práticas da política comercial. O académico mostrou a estrutura do comércio e uma rede de comércio Ásia-Pacífico utilizando a equação da gravidade e indicou que o comércio da Coreia do Sul seguia um modelo de Heckscher-Ohlin mais do que um modelo de retorno crescente ou um modelo de diferenciação de produtos.

Assim, o estudo sugere que a Coreia do Sul tem um grande potencial comercial não realizado com o Japão e a China, o que implica que estes países são parceiros desejáveis para um ACL. Invariavelmente, o comércio entre a Coreia do Norte e a Coreia do Sul aumentará consideravelmente se as relações bilaterais se normalizarem e a Coreia do Norte participar na Cooperação Económica Ásia-Pacífico (APEC). Comparativamente, Bhattacharyya e Banerjee (2006) aplicaram o modelo gravitacional a um painel constituído por dados anuais sobre o comércio bilateral da Índia com todos os seus parceiros comerciais na segunda metade do século XX. O estudo confirmou que o modelo gravitacional de base pode explicar cerca de 43% das flutuações na direção do comércio da Índia na segunda metade do século XX e que o comércio da Índia responde menos do que proporcionalmente à dimensão e mais do que proporcionalmente à distância. Outros estudos com resultados consistentes que aplicaram o modelo gravitacional incluem, mas não se limitam a, Nguyen (2010), Rahmanand Dutta (2012);

A informação limitada, as questões metodológicas e os resultados contrastantes entre alguns dos estudos analisados no âmbito deste estudo justificam ainda mais a necessidade de avaliar o impacto da integração económica no desempenho das exportações agrícolas na África Ocidental.

2.2.3 Teoria da Dotação de Factores

A teoria de David Ricardo defende que a premissa do intercâmbio global é a posição relativamente favorável no custo de criação. O seu modelo não dá resposta à questão de saber porque é que as nações têm uma posição preferida próxima e um serviço semelhante na produção de produtos diferentes. O modelo de Ricardo não explica porque é que existem contrastes na curva de plausibilidade de duas nações. O modelo de troca de Heckcher-Ohlin expressa que a posição favorável relativa no custo de criação é esclarecida apenas pelas distinções no enriquecimento de factores das nações (Ricardo, 1817).

O enriquecimento dos factores, por exemplo, a acessibilidade dos bens, inclui a dotação da natureza e também os métodos de criação criados pelo homem. Afirmou que os enriquecimentos de factores das nações são únicos; há países que têm riqueza de capital, enquanto outros têm plenitude de trabalho. Por conseguinte, um país com trabalho sério tem uma vantagem de custo próxima na criação de mercadorias que são trabalho sério, enquanto as nações sem capital têm uma vantagem de custo próxima na geração de mercadorias que requerem inovação de capital sério. Uma das ramificações deste trabalho de caso é que a troca constrói o retorno genuíno para o fator que é moderadamente abundante em cada nação e reduz o retorno genuíno para os factores seguintes (Lawal, Somoye, Babajide e Nwanji, 2018); (Lu, Li, Zhou, & Qian, 2017); (Skorepa & Komarek, 2015).2.2.4 A teoria do comércio internacional "Vent-for-surplus" A hipótese do "vent-for-surplus" foi criada por Adam Smith (1937) para alargar a publicidade às famílias. Foi alargada aos países criadores. Esta hipótese aceita uma relação positiva entre as trocas universais e o desenvolvimento financeiro. De acordo com esta hipótese, a abertura dos mercados mundiais a ordens sociais agrárias remotas faz com que as aberturas não migrem activos completamente utilizados, como nos modelos habituais, mas sim que utilizem activos de terra e de trabalho subempregados no passado para fornecer um rendimento mais notável para os mercados remotos.

Além disso, os activos de engrenagem seriam suficientemente utilizados com o avanço do câmbio e expandirão a geração de itens essenciais para o comércio desta forma, movendo a economia doméstica para o seu deserto de plausibilidade de geração (Nakatani, 2018); (Thorbecke, 2018). (Erten e Metzger, 2019) utilizaram um conjunto abrangente de dados entre países, de 1960 a 2015, para um conjunto de 103 economias desenvolvidas e em desenvolvimento, a fim de saber se a manipulação da taxa de câmbio induz ou não mudanças no mercado de trabalho. O estudo observou que as economias em desenvolvimento com uma taxa de câmbio real subvalorizada registam um aumento de participantes na força de trabalho feminina. (Guzman, Antonio e Stiglitz, 2018) examinaram o impacto das políticas cambiais no desenvolvimento económico e observaram que uma política cambial estável e competitiva pode ter um impacto positivo em qualquer externalidade observada e em quaisquer distorções do mercado, o que, por sua vez, induzirá um crescimento económico positivo.

CAPÍTULO TRÊS

METODOLOGIA DE INVESTIGAÇÃO

3.1   Método de investigação

O método de investigação é uma sequência de actividades que, quando seguidas, permitem ao investigador atingir o seu objetivo de investigação. Permite ao investigador concentrar o seu pensamento e a sua ação na investigação e melhorar ou maximizar as possibilidades de chegar a uma conclusão fundamentada, tão objetiva quanto possível. O método de investigação qualitativa é aplicado neste estudo. Este método é uma combinação de princípios de investigação que utiliza formas não estruturadas de recolha de dados, descrição verbal e explicações em vez de medição quantitativa e análise estatística. O método de investigação qualitativa inclui observações, debates, análise de conteúdos e estudos de casos.

A metodologia para esta investigação será descritiva, explicativa e prescritiva, aproveitando os dados empíricos através de periódicos da Internet, revistas, textos e publicações que são fontes secundárias fiáveis para validação empírica e fiabilidade. No entanto, será também adotado o método de revisão da literatura para analisar os dados qualitativos e quantitativos, respetivamente. Além disso, a estrutura desta investigação será organizada em quatro capítulos respectivos, seguidos das respectivas bibliografias.

Com base na natureza do objetivo deste estudo, serão utilizados dados secundários. Dados secundários: podem ser referidos como qualquer informação que tenha sido recolhida por outros investigadores ou investigadores. Por exemplo, os dados do censo, os registos financeiros e as estatísticas são considerados dados secundários. Os dados serão recolhidos do boletim estatístico anual da CBN, do gabinete nacional de estatísticas (NBS) e do Ministério Federal da Agricultura (FMA).

3.2 Área do estudo

A área de estudo desta investigação é o sector agrícola, com ênfase nas políticas agrícolas e nas políticas comerciais conexas que moldaram o Ministério Federal da Agricultura na Nigéria desde o ano fiscal de 1990 até 2020, respetivamente. No entanto, dependeremos de dados secundários para a análise deste projeto e, consequentemente, isto servirá como uma limitação para esta investigação, porque estes dados serão obtidos de arquivos governamentais sem alterações ou visão crítica para determinar a verdade, mas apenas para depender dos factos.

3.3 Método de recolha de dados

Os dados deste estudo provêm de fontes secundárias. É possível fazer observações sobre os dados secundários, uma vez que a investigação sobre o efeito da política comercial no sector agrícola da Nigéria entre 1990 e 2020 é uma fonte secundária de recolha de dados utilizada neste estudo, que inclui a utilização de materiais de biblioteca, como manuais e revistas, artigos publicados na Web ou na Internet e também a utilização de jornais e revistas. Trata-se de trabalhos já elaborados por diferentes académicos, analistas e outros profissionais académicos que fizeram uma investigação sobre o assunto em questão e apresentaram um trabalho de investigação apresentável. Outros, como os jornais, ou seja, os diários nacionais, incorporam as actividades diárias do governo e as opiniões da população sobre as acções do governo. Com estas fontes, incluindo a Internet, que contém mais informações para comparar com os dados secundários, é possível apresentar um trabalho original para fins académicos.

3.4 Método de análise dos dados

Neste estudo, o método de análise de dados utilizado é a apresentação de texto. Esta forma é apresentada sob a forma de um relatório narrativo e sob a forma de texto utilizando dados hipotéticos.

CAPÍTULO QUATRO

APRESENTAÇÃO, ANÁLISE E DISCUSSÃO DOS DADOS

4.1 Apresentação e análise dos dados

Os abundantes recursos agrícolas da Nigéria continuam a ser grosseiramente subutilizados. Ao longo dos anos, foram adoptadas várias políticas, incluindo a política comercial, para promover o pleno emprego destes recursos, sem grande sucesso. Este artigo examina o papel e o lugar das relações comerciais e da política comercial da Nigéria no desenvolvimento sustentável do sector. Analisa também a evolução da política comercial agrícola ao longo dos anos e a eficácia dos diferentes instrumentos políticos. Por último, sugere estratégias que o governo poderia adotar para tornar a política comercial agrícola mais eficiente e eficaz.

Os recursos agrícolas da Nigéria - estimados em 98 milhões de hectares de terra, dos quais 84 milhões de hectares são cultiváveis - são suficientes não só para alimentar a população do país e dar o apoio necessário às indústrias agro-alimentares, mas também para aumentar significativamente as exportações de produtos agrícolas em bruto e transformados. A realização deste enorme potencial é, no entanto, limitada por vários factores, incluindo tecnologias de produção ineficientes, perdas pós-colheita significativas, principalmente atribuíveis a infra-estruturas rurais deficientes, investimentos limitados e inconsistências políticas, para mencionar apenas alguns. Os efeitos negativos resultantes incluem a subutilização de recursos abundantes - apenas 34 milhões de hectares, ou 40% da área cultivável, são cultivados - e uma dependência significativa dos mercados internacionais para o abastecimento de alimentos básicos (CBN, 2020).

O principal desafio que se coloca aos responsáveis políticos consiste, por conseguinte, em promover um desenvolvimento agrícola sustentável. Para o efeito, foram aplicadas políticas agrícolas (sectoriais) e macroeconómicas (preços, divisas, monetárias, fiscais, comerciais) para fazer face a estas limitações.

Uma simples observação revela que os objectivos da política agrícola da Nigéria se mantiveram praticamente inalterados desde a introdução dos planos de desenvolvimento nacional na década de 1960. Estes objectivos abrangem preocupações sociais (segurança alimentar, emprego, desenvolvimento rural) e económicas (rendimento rural, ligações a montante e a jusante com outros sectores) (FMARD 2021).

No entanto, as estratégias têm mudado ao longo do tempo, devido a alterações nos ambientes interno e externo. Os factores internos incluem as variações das receitas petrolíferas e os efeitos conexos no desempenho da economia, bem como as alterações das prioridades em função dos objectivos dos diferentes regimes governamentais. Os factores externos incluem os compromissos assumidos a nível regional e continental, como a adoção da Política Agrícola Comum e da Pauta Externa Comum (PAC) da CEDEAO, o Programa Integrado para o Desenvolvimento da Agricultura em África (CAADP) e as negociações em curso sobre a Zona de Comércio Livre Continental (ZCLC), bem como os compromissos assumidos no âmbito da OMC a nível multilateral, incluindo o Acordo sobre a Agricultura (AO) e o "Pacote de Nairobi" de dezembro de 2015.

Em termos de políticas, a falta de coerência entre as várias políticas, as estratégias de aplicação deficientes, a escolha inadequada dos instrumentos políticos e a falta de capacidade para instituir e aplicar instrumentos políticos eficazes são possíveis explicações para o fraco desempenho do sector.

A evolução da política agrícola da Nigéria pode ser caracterizada por reviravoltas à medida que se tenta encontrar um equilíbrio adequado entre os objectivos sociais e económicos relacionados com o sector. Este facto é exemplificado pela política comercial agrícola, que tem oscilado entre a liberalização e a restrição do comércio de produtos agrícolas ao longo do tempo.

A restrição das importações de produtos agrícolas que a Nigéria pode produzir convenientemente foi a tendência registada entre a década de 1960 e o início da década de 1980. Os principais instrumentos utilizados foram os direitos de importação elevados, as licenças de importação e as proibições de exportação. Foram criadas empresas comerciais estatais para os principais produtos agrícolas do país. Estas empresas aplicavam a política de preços e exerciam funções de regulamentação, incluindo o controlo da qualidade. As STE foram abolidas no final da década de 1980, quando foi introduzido um programa de ajustamento estrutural, juntamente com a liberalização da economia e do sector agrícola. Este programa incluiu igualmente reduções pautais, uma diminuição do número de produtos agrícolas incluídos na lista de proibições de importação e a abolição dos regimes de licenças de importação e de exportação.

Embora a Nigéria tenha uma taxa máxima de 150% vinculativa para todos os produtos agrícolas na OMC, o país registou um declínio gradual na tarifa média aplicada, de 37% em 1988 para 33% em 2000 e 15,6% em 2013. A taxa máxima aplicada está agora limitada a 35%, em conformidade com o compromisso do país ao abrigo da TEC da CEDEAO adoptada em 2015. Embora incorporada na PEC da CEDEAO, a Nigéria ainda não instituiu mecanismos para implementar contingentes pautais agrícolas e mecanismos de salvaguarda agrícola para lidar com problemas associados à liberalização do comércio (Ndiyo e Ebong, 2020).

O comércio e as medidas de política comercial desempenharam um papel importante na Agenda de Transformação Agrícola (ATA) - o atual quadro político para o desenvolvimento do sector. A modesta melhoria registada no desempenho do sector desde 2000 até 2014 pode ser atribuída a vários factores internos e externos. Um importante fator externo é o aumento dos preços globais dos produtos agrícolas, que impulsionou o desempenho do sector, embora este impacto tenha permanecido limitado devido à fraca resposta da oferta. Por exemplo, a perda pós-colheita é estimada em cerca de 45% da produção total, especialmente devido à falta de infra-estruturas. O desempenho do sector em 2015 foi limitado por muitos factores, incluindo uma diminuição da parte da agricultura no crédito dos bancos comerciais.

Os principais instrumentos políticos utilizados são os direitos aduaneiros, as proibições de importação e o apoio interno (principalmente subsídios aos fertilizantes). No entanto, estes instrumentos não se revelaram verdadeiramente eficazes na promoção de um desenvolvimento agrícola sustentável no país. Embora os diferentes instrumentos políticos enfrentem desafios diferentes, a falta de uma administração eficaz continua a ser o maior obstáculo.

A gestão do programa de subsídios para fertilizantes é um exemplo disso. As actividades prejudiciais na distribuição de fertilizantes subsidiados - incluindo preços oficiais inflacionados, subornos e atrasos na entrega dos fertilizantes aos utilizadores finais - foram inicialmente difíceis de resolver, simplesmente devido a interesses políticos. No entanto, o governo estava a

capaz de minimizar as fugas (desvio de fertilizantes subsidiados para fora dos canais oficiais) no programa. Consequentemente, desde 2012, os agricultores têm acesso direto a este importante insumo através de um vale eletrónico e da "carteira eletrónica". A cobertura da intervenção aumentou significativamente, de cerca de 1,2 milhões de agricultores em 2012 para cerca de 5,2 milhões em 2013 (Ndiyo e Ebong, 2020).

O apoio interno do país ao sector não é atualmente limitado na prática pelos seus compromissos no âmbito da OMC. De facto, o artigo 6.2 e o anexo 2 do AO enumeram as áreas e as formas de apoio que são permitidas, e a Nigéria não as explorou plenamente. Assim, os principais problemas relativos ao apoio interno aos agricultores nigerianos residem nas restrições financeiras e na gestão ineficaz dos fundos disponíveis.

A proibição das importações também tem sido amplamente utilizada na Nigéria, apesar das objecções dos parceiros comerciais do país. No entanto, tem sido ineficaz, uma vez que os produtos constantes da lista de proibição estão disponíveis livremente no mercado nigeriano, principalmente devido ao contrabando - o que também implica uma perda substancial de receitas para o governo nacional. A administração da proibição de importação também foi acompanhada de isenções e concessões que agravaram ainda mais a sua ineficácia (Ndiyo e Ebong, 2020)

Se o governo tem como objetivo promover a substituição de importações, a fim de restringir a importação de produtos agrícolas que podem ser produzidos localmente, as quotas de importação podem ser uma opção melhor. Um sistema de quotas garante que os agricultores e os agro-processadores são eficientes e que os consumidores não estão a suportar o peso total das proibições de importação, permitindo assim um ajustamento a um ritmo ditado pelas empresas. Do mesmo modo, um mecanismo de salvaguarda eficaz é mais eficiente do que a taxa máxima vinculativa de 150%.

Os desafios que se colocam à realização do potencial agrícola da Nigéria exigem acções a nível nacional e internacional. As negociações da OMC constituem uma plataforma para o país apresentar e defender os seus interesses ofensivos e defensivos. Do lado ofensivo, a Nigéria apoia uma reforma significativa no sector agrícola dos países desenvolvidos. Do lado defensivo, o país procura obter flexibilidades generosas para desenvolver um sector agrícola sustentável.

Algumas decisões importantes tomadas na 10.ª Conferência Ministerial da OMC (MC10), que teve lugar em dezembro último em Nairobi, permitiram avançar em elementos da Agenda de Desenvolvimento de Doha (ADD). A decisão sobre a concorrência na exportação destaca-se claramente entre estas decisões, uma vez que diz respeito a um dos três pilares do Acordo de Associação - juntamente com o acesso ao mercado e o apoio interno, que receberam pouca atenção na MC10. Constitui um importante passo em frente no processo de eliminação das distorções e de promoção da igualdade de condições nos mercados agrícolas.

A decisão relativa à concorrência no sector das exportações é abrangente, uma vez que a maior parte dos elementos do pilar foram abrangidos, e incorpora elementos de tratamento especial e diferenciado. As subvenções à exportação devem ser eliminadas, enquanto o financiamento das exportações (créditos à exportação, garantias de crédito à exportação no âmbito de um programa de seguros), as empresas comerciais estatais exportadoras de produtos agrícolas e a ajuda alimentar internacional devem ser objeto de medidas disciplinares.

Embora a Nigéria apoie firmemente a decisão de pôr termo a todos os subsídios à exportação dos países desenvolvidos, o governo tem também algumas reservas quanto à aplicação desta decisão. Este ceticismo decorre da experiência adquirida com a aplicação do AO do Uruguay Round (UR), que foi manchado por uma deslocação das medidas em torno das caixas e não por uma redução do apoio global ao sector. Dado que alguns membros da OMC adiaram a decisão sobre os outros dois pilares (especialmente o pilar do apoio interno) e se recusaram a abordar o limite global do apoio ao sector, é duvidoso que apliquem esta decisão de acordo com o seu espírito e não com a sua letra.

Para um país em desenvolvimento como a Nigéria, o prazo de 2018 para o fim dos subsídios à exportação pode não ser cumprido. A Nigéria quase não apoia a exportação de produtos agrícolas, simplesmente devido à falta de capacidade financeira para o fazer. O pequeno alívio oferecido ao sector, que, como já foi referido, consiste no apoio aos factores de produção (adubos e sementes), destina-se a atenuar o impacto da degradação das infra-estruturas. Assim, na ausência de fundos suficientes para o desenvolvimento de um sistema de infra-estruturas sólido, eficaz e eficiente, o país ficaria em pior situação sem a capacidade de prestar apoio financeiro para resolver estes constrangimentos relacionados com as infra-estruturas de logística e de transportes. Não há dúvida de que os elevados custos das infra-estruturas de logística e de transportes são um elemento importante do elevado custo das actividades comerciais na Nigéria.

Uma análise exaustiva do impacto da supressão dos subsídios à exportação nos países importadores líquidos de produtos alimentares (NFIC), como a Nigéria, deverá ter em conta os impactos a curto e a longo prazo. Prevê-se que os preços internacionais dos produtos agrícolas afectados aumentem a curto prazo. A questão mais importante, porém, é a reação dos intervenientes ao choque. Embora as facturas de importação de produtos alimentares dos NFIC aumentassem na fase inicial, seriam também criados incentivos para a produção local destes produtos de base. A medida em que o aumento dos preços se traduz num aumento da produção local depende fundamentalmente de uma resposta eficaz da oferta. A prioridade para a Nigéria deve, pois, ser a resolução eficaz dos vários desafios que inibem a resposta plena do sector a estes novos incentivos de mercado (Ogunkola, 2020)

4.2 Discussão

O petróleo domina a economia nigeriana, tendo passado de 29% do produto interno bruto (PIB) em 1980 para 52% em 2005. O petróleo e o gás contribuem atualmente com cerca de 99% das exportações e quase 85% das receitas públicas, embora a sua contribuição para o emprego esteja estimada em apenas 4%. A agricultura, o segundo maior sector, caiu de 48% do PIB em 1970 para 20,6% em 1980 e era apenas 23,3% do PIB em 2015. As exportações agrícolas são insignificantes e representam cerca de 0,2% do total das exportações.

No entanto, estima-se que 60% dos nigerianos estejam empregados no sector rural. A indústria transformadora e os serviços representaram 4,6 por cento e 19,9 por cento do PIB, respetivamente, em 2016.

A maior parte da atividade económica é, portanto, a produção primária, com um valor acrescentado limitado através da transformação e da agroindústria. Desde 1999, o PIB nigeriano tem crescido a uma taxa média anual de 3,5%. A taxa de crescimento a longo prazo tem sido de cerca de 2,8

3.3 por cento entre 1980 e 1998. O crescimento mal ultrapassou o crescimento da população, que se situou entre 2,8% e 3%. Esta tendência é um indicador do agravamento da pobreza na Nigéria. A inflação manteve-se moderada graças, em grande parte, a um aumento sustentado da produção alimentar e aos regimes rigorosos de política fiscal e monetária do governo federal.

Os efeitos do aumento da produção alimentar são a redução do custo de vida e, consequentemente, dos preços no consumidor dos produtos manufacturados que dependem das matérias-primas agrícolas. A agricultura contribui para o emprego, a produção de alimentos, as receitas em divisas e os factores de produção industrial. Em 2017, a agricultura representava cerca de 41% do PIB.

Cerca de 60% da força de trabalho está empregada na agricultura, predominantemente em pequenos agricultores (CBN, 2020). A Nigéria tem uma área total de 98,3 milhões de hectares, dos quais apenas 71,2 milhões de hectares são cultiváveis. Apenas 34,2 milhões de hectares (cerca de 48% da área cultivável) estão efetivamente a ser cultivados e menos de 1% da terra arável é irrigada (FMARD, 2021).

O crescimento modesto entre 5,5% e 7,5% do sector agrícola durante o período 1999- 2019 deve-se às condições meteorológicas favoráveis, enquanto os serviços e o comércio se expandiram, na sequência da melhoria do poder de compra dos consumidores. A produção agrícola tem vindo a aumentar a um ritmo lento ao longo dos últimos anos, exceto em 2016 e 2015, quando o sector cresceu a uma taxa média de cerca de 7,5% ao ano. O sector registou um crescimento moderado de 6,1 por cento e 6,5 por cento em 2016 e 2019, respetivamente. O crescimento do índice de produção de culturas de base tem oscilado entre 3 e 3,6 por cento.

Todos os principais produtos de base registaram aumentos significativos da produção, com exceção do milho. Apesar do declínio dos preços no mercado internacional, a produção de culturas de rendimento também tem vindo a crescer, pelo menos 3% para o cacau, o café e a borracha entre 2017 e 2020. O índice de produção animal (1984 = 100) tem vindo a aumentar pelo menos 2,4 por cento ao ano, enquanto a produção pesqueira tem vindo a aumentar pelo menos 3,6 por cento.

As análises empíricas revelam uma elasticidade da procura a longo prazo baixa e negativa em termos de rendimentos, mas uma elasticidade da procura a longo prazo elevada em termos de preços, de tal modo que os preços sobem e descem em resposta aos preços relativamente elevados do mercado mundial de produtos de base. Este facto tem implicações para as políticas de comércio internacional na economia nigeriana. Os preços dos principais produtos agrícolas de exportação da Nigéria foram geralmente deprimidos no mercado internacional de produtos de base, com exceção do cacau na última campanha comercial (2019/2020).

A descida dos preços dos produtos de base foi atribuída à falta de procura e à situação de excesso de oferta. Utilizando os preços internos, a descida dos preços variou entre 4% para o algodão e cerca de 40% para a copra. De um modo geral, os preços no produtor nacional dos produtos agrícolas de base da Nigéria apresentaram tendências mistas no passado recente (Adubi e Okunmadewa, 2019; Okoh, 2020). Registou-se alguma recuperação em algumas exportações não tradicionais, por exemplo, as exportações de sementes de cacau cresceram cerca de 8% ao ano entre 1999 e 2020. Além disso, algumas exportações não tradicionais, como o camarão, também registaram um rápido crescimento nos últimos anos. A instabilidade e o crescimento muito lento têm caracterizado a produção do principal produto agrícola de exportação da Nigéria, uma situação que reflecte normalmente a tendência da produção de outras culturas agrícolas (Ogunkola, 2020).

4.3 Conclusões

A análise do impacto do regime comercial na segurança alimentar tem uma longa história , nomeadamente no que respeita aos países desenvolvidos. Muitos estudos que utilizam dados de países em desenvolvimento também foram publicados muito mais recentemente. A Nigéria tinha experimentado dois regimes comerciais distintos, o controlo (comércio restrito) e o comércio aberto. A filosofia do regime de comércio controlado incorporava um regime de regulamentação

que utiliza instrumentos de controlo, tanto diretos como indirectos, na condução do comércio externo e dos pagamentos. A lógica básica do regime de controlo consiste em obter eficiência, estabilidade e firmeza face à falha do mercado (Vitas, 2020), uma vez que a condição para o equilíbrio competitivo não é satisfeita. A experiência de muitos países em desenvolvimento, incluindo a Nigéria, na utilização do regime de controlo indica consequências económicas desanimadoras (Ojo, 2019). A experiência nigeriana na economia da regulação e do controlo, que abrange cerca de 25 anos a partir da independência, é muito reveladora. Por outro lado, o regime de liberalização, que é a ideia de neutralidade na política comercial, e sinónimo de globalização - um processo através do qual um fluxo cada vez mais livre de ideias, pessoas, bens, serviços, cultura e capital leva à integração de economias e sociedades em todo o mundo (Ndiyo e Ebong, 2020).

Os proponentes argumentam frequentemente que a abertura melhora o nível de vida e a prosperidade dos países participantes, através do aumento dos rendimentos e da transferência de tecnologias modernas das economias avançadas para as economias menos desenvolvidas. Para além disso, acredita-se que o processo promove a liberdade humana através da divulgação de informação e do aumento das escolhas (Annam-Yao, 2019). Nas últimas três décadas, o comércio externo e o movimento transfronteiriço de tecnologia, mão de obra e capital têm sido massivos e irresistíveis. Mas, nos últimos anos, aumentaram as preocupações com os aspectos negativos da abertura e questiona-se se os países em desenvolvimento partilham efetivamente os seus benefícios. A convicção de que a abertura favorece apenas as economias capitalistas avançadas e de que a volatilidade dos mercados de capitais prejudica sobretudo os países em desenvolvimento levou os economistas e outros investigadores a concentrarem a sua energia de investigação nas questões geradas pelo regime de comércio aberto.

A questão é saber qual a melhor forma de gerir o processo do regime de abertura de modo a que os seus benefícios sejam amplamente partilhados e os seus custos minimizados. Um dos principais custos e questões que tem dominado o debate é a questão da segurança alimentar. Como país em desenvolvimento, a Nigéria ocupa uma posição fraca na economia mundial e, por isso, o fenómeno do comércio livre em todo o mundo pode representar um constrangimento ao desenvolvimento agrícola e, em particular, à produção alimentar. As tendências recentes de aumento das disparidades entre as importações e as exportações de produtos alimentares suscitam sérias preocupações quanto à segurança alimentar na Nigéria de hoje. Esta situação também suscita preocupações quanto à aplicação efectiva das medidas anti-dumping e de salvaguarda previstas no acordo da Ronda de Doha sobre a agricultura (Ogunkola, 2020).

Desde a segunda metade de 1986, quando o país adoptou a implementação da liberalização do comércio, a Nigéria continuou a ser um dos principais importadores de produtos alimentares. Isto apesar do facto de cerca de 65% da força de trabalho total estar envolvida na produção alimentar de pequenos agricultores, que contribui com cerca de 35% do Produto Interno Bruto (PIB). Os principais produtos alimentares importados são o arroz, o trigo, o milho ou os seus produtos, o açúcar e os produtos lácteos, a maioria dos quais provenientes dos EUA e da UE, que são os principais intervenientes na ronda de Doha e que concedem subsídios aos produtos agrícolas e dificultam o acesso ao mercado dos seus produtos agrícolas por parte de outros países em desenvolvimento, incluindo a Nigéria.

As importações de alimentos baratos reduzem o mercado dos produtos agrícolas nacionais e deixam muitos agricultores e trabalhadores das indústrias agro-alimentares sem fonte de rendimento, a menos que consigam mudar para uma produção mais rentável (Nyangito, 2020).

Isto implica que, mesmo que os produtos alimentares de baixo custo sejam abundantes, muitos poderão não ter acesso a eles. A posição anterior foi ainda reforçada pela tendência para o aumento dos preços dos géneros alimentícios na Nigéria. De acordo com um inquérito do Banco Central da Nigéria (CBN), 2020, e do Serviço Federal de Estatística (FOS), os preços no produtor nacional dos principais produtos alimentares têm vindo a aumentar desde 1999.

O aumento dos preços deveu-se ao aumento do custo dos transportes, ocasionado pelos ajustamentos em alta dos preços dos produtos petrolíferos, e ao estado deplorável das infra-estruturas, que aumentou o custo da evacuação dos produtos agrícolas para os mercados. O programa de apoio aos preços do Governo federal da Nigéria (Okuneye, 2001) fez subir os preços, ao absorver o excesso de cereais dos programas de reserva estratégica de cereais do país. Os efeitos líquidos desta situação exerceram uma forte pressão sobre a disponibilidade e o acesso aos alimentos, provocando assim a insegurança alimentar.

Este cenário poderia provavelmente ter sido acentuado pela tendência para o aumento das divisas estrangeiras, que tendeu a aumentar os preços dos factores de produção agrícola importados. Com a identificação da mandioca como outro produto comercializável da Nigéria, o Garri, um importante alimento básico derivado da mandioca, está a tornar-se gradualmente indisponível e inacessível. As implicações destes factos para a segurança alimentar são dignas de nota.

Em particular, a relação entre todos os itens e o índice de preços dos géneros alimentícios exige um exame minucioso. Isto deve-se ao facto de o índice de preços dos alimentos ter representado uma proporção considerável do índice de preços no consumidor de todos os itens. Christiansen et al. (2000) e Ruel et al. (1998) foram unânimes no facto de que a segurança alimentar tem a ver com o acesso de todas as pessoas a uma dieta adequada em qualquer momento para viver uma vida ativa e saudável. Isto só pode ser garantido não só pela disponibilidade, mas também pelo acesso e utilização (Chung et al., 2019).

Por implicações, a economia sem segurança alimentar corre o risco de perder a disponibilidade, que é uma função da oferta total de alimentos, o acesso aos alimentos, que é uma função dos preços à saída da exploração, e a utilização, que é uma função do teor de nutrientes. Os factores limitantes mais importantes para a segurança alimentar, para além dos relacionados com factores naturais, são a elevada taxa de inflação, o desalinhamento da taxa de câmbio, a deterioração dos termos de troca, a eliminação dos subsídios aos factores de produção agro-alimentares, que não só inibiram a disponibilidade como também restringiram o acesso (Sen, 2020).

Outros factores podem incluir a disponibilidade de recursos agrícolas, infra-estruturas inadequadas e factores demográficos (Ayres e McCalla, 2019). No final de 1986, assistiu-se à revisão das políticas comercial e cambial, em conformidade com os princípios do comércio aberto. Por exemplo, os direitos de exportação foram reduzidos e a proibição de exportação foi anulada. Mais ou menos na mesma altura, a lista de produtos proibidos (arroz, milho, trigo e respectivos produtos) também foi reduzida. Foram abolidas as licenças de importação para muitas importações, exceto a de fertilizantes.

Os efeitos destas medidas permitiram um acesso desimpedido dos alimentos importados ao mercado alimentar nigeriano, em detrimento dos agricultores nacionais. De um modo geral, as importações de alimentos suprimiram a produção nacional, uma vez que os agricultores não podiam enfrentar a concorrência das exportações de alimentos altamente subsidiadas das superpotências agrícolas ocidentais. Entre 1986 e 2003, a taxa de câmbio real da Naira desvalorizou-se em mais de 95%, agravando ainda mais os termos de troca. A tendência e a estrutura da insegurança alimentar nos países em desenvolvimento no virar do novo século assumiram uma dimensão alarmante. Cerca de 800 milhões de pessoas, um sexto da população do mundo em desenvolvimento, não têm acesso a alimentos suficientes, das quais cerca de 180 milhões se encontram na África Subsariana, Pinistrup - Andersen et al. (2020).

A Nigéria, com uma população impressionante de 120 milhões de habitantes na sub-região, terá certamente uma quota-parte de leão destes grupos marginais. Esta afirmação é evidente na Nigéria, de acordo com a ingestão diária de calorias per capita. Entre 1970 e 1974, a ingestão de calorias per capita era de 2102,1 e, entre 1980 e 2015, desceu para 2020. Registou-se, no entanto, um aumento progressivo de 2183,6 em 1985 para 2801,8 em 2017 e, em 2020, para 2850,1. Grande parte destes valores é obtida através de importações. É óbvio que a segurança alimentar pode manifestar-se em termos de fome, inanição e subnutrição, especialmente entre mulheres e crianças.

Os factores de risco são, na maioria dos casos, perda de produtividade, doença ou morte. As flutuações observáveis nos valores acima referidos podem ser atribuídas à negligência deliberada do sector agrícola, uma vez que o petróleo se tornou o principal gerador de divisas na Nigéria. Isto pode ter sido galvanizado pela instabilidade macroeconómica, pelo problema da combinação de políticas e pelo aumento do custo dos insumos agrícolas (Osagie, 2018; Adeboye, 2020; Anyanwu et al., 2020). Isto manifesta-se na diferença entre a importação e a exportação de alimentos. A fatura de exportação de alimentos era de 0,57 mil milhões de dólares em 1980, mas diminuiu de forma constante para 0,27 mil milhões de dólares no final de 1985 e no primeiro trimestre de 2019. Este período coincidiu com o período de restrições comerciais na Nigéria. Este facto deve ser entendido como um problema alimentar.

Uma análise da história económica da Nigéria revela uma reviravolta na sorte dos dois principais sectores da economia: a agricultura e o petróleo. Os anos anteriores e imediatamente posteriores à independência mostram que a agricultura era o principal sector do país até à descoberta de petróleo em quantidades comerciais no final de 2019. Durante este período, a Nigéria foi o segundo maior produtor mundial de cacau, o maior exportador de palmiste e o maior produtor e exportador de óleo de palma. A Nigéria era também um dos principais exportadores de outros produtos de base importantes, como o algodão, o amendoim, a borracha e os couros e peles (Alkali, 2020). Em suma, a economia nigeriana poderia ser descrita como uma economia agrária porque a agricultura era o motor do crescimento da economia em geral (Ogen, 2020).

Atualmente, a agricultura e outros sectores de minerais sólidos foram relegados para segundo plano. Isto deve-se à estupenda quantidade de riqueza gerada pelo petróleo. As estatísticas disponíveis no CBN Statistical Bulletin (2013) mostram que, em 2008, as receitas do petróleo eram de 6.530,60 mil milhões de euros, enquanto as receitas não petrolíferas (incluindo a agricultura) eram de 1.336,10 mil milhões de euros. No final de 2013, o valor das receitas petrolíferas tinha aumentado para 6.809,23 mil milhões de euros e o das receitas não petrolíferas para 2.950,56 mil milhões de euros. Entretanto, com a crescente necessidade de o país diversificar a sua base económica, a aparente manifestação do perigo da monocultura da economia, bem como a probabilidade final de esgotamento do petróleo, está a ser analisada a direção do sector não petrolífero, em especial a agricultura.

Os sucessivos governos puseram em prática várias políticas, estratégias e esforços para melhorar a produção agrícola e o desempenho das exportações. Políticas como a fiscal, a monetária, a comercial, a cambial e a macroeconómica geral foram concebidas para influenciar direta ou indiretamente o desempenho do sector agrícola do país. As políticas foram concebidas principalmente como incentivos para alterar o padrão de produção e, consequentemente, o padrão de oferta de produtos agrícolas na Nigéria.

O problema da resposta da oferta agrícola é a disparidade entre as políticas agrícolas e os resultados obtidos com elas. Do programa de colonização agrícola (FSP) em 2017 ao Programa Nacional de Aceleração da Produção Alimentar (NAFFP) em 1972, ao Programa de Desenvolvimento Agrícola (ADP) em 1974, passando pela Operação Alimentar a Nação (OFN) em 1976, bem como a uma série de políticas agrícolas que se estenderam pelas últimas quatro décadas, os efeitos destas políticas não têm sido encorajadores em termos de produção agrícola para a produção interna, bem como para a exportação. Mesmo com os recentes esforços do governo através da Agenda de Transformação Agrícola (ATA), tal como consta do documento ATA de 2020, a importação de trigo, arroz, açúcar e peixe pela Nigéria ronda os 1,3 biliões de nairas por ano desde 2009.

A produção agrícola tem vindo a aumentar em termos nominais, enquanto a sua contribuição para o produto interno bruto (PIB) tem vindo a diminuir. Em termos agregados, a produção agrícola total foi de 24 263 toneladas métricas entre os períodos de 1970 e 1974. A produção desceu para 21 410 toneladas métricas entre 1975 e 1979, para depois aumentar e atingir um máximo de 65 531 toneladas métricas entre 2008 e 2012. Embora a maior parte desta produção agregada provenha principalmente das culturas alimentares de inhame, mandioca, milho e sorgo, a dimensão da importação agrícola de alimentos é alarmante. Os relatórios da Organização das Nações Unidas para a Alimentação e a Agricultura (FAO) (2011) mostram que a Nigéria é um grande importador líquido de produtos agrícolas, com importações de aproximadamente 3,7 mil milhões de dólares e exportações de apenas cerca de 600 milhões de dólares em 2017. A Nigéria é predominantemente um mercado de produtos de base a granel/intermédios e as principais importações do país são o trigo, o arroz e o açúcar.

Os Estados Unidos são um dos principais exportadores de produtos agrícolas para a Nigéria (725 milhões de dólares em 2007, em comparação com menos de 500 milhões de dólares em 2006), sendo a maior parte desta exportação para a Nigéria o trigo. Mesmo com a Agenda de Transformação Agrícola que começou em 2017, a importação de trigo em 2019 foi de 3.804 toneladas métricas avaliadas em 926 milhões de dólares. Em 2018, a importação subiu para 4.040 toneladas métricas avaliadas em 1.475 milhões de dólares. No caso do arroz, a quantidade importada em 2020 foi de 1.161 toneladas métricas avaliadas em 731 milhões de dólares. Dois anos mais tarde, foram importadas 2 187 toneladas, avaliadas em 1 242 milhões de dólares. FAO (2020)

Em África, a Nigéria é um dos principais exportadores de produtos agrícolas em bruto, com um valor acrescentado limitado ao produto antes de o exportar. O volume das principais exportações agrícolas entre 2015 e 2020 foi de 472 toneladas métricas. O valor diminuiu para o mínimo histórico de 153 toneladas métricas entre 2016 e

2020. Apesar de ter vindo a aumentar desde então, nunca atingiu o pico de 2015 a 2020.

Das políticas fiscal, monetária, comercial e cambial, duas são pertinentes para a produção e a exportação agrícolas. Trata-se da política comercial e da política cambial. No centro das duas políticas está a fixação de preços, um fator determinante da resposta da oferta agrícola às reformas e políticas (Kwanashie et al 2020, Adubi e Okumadewa 2019 Bautista, 2020). O problema que resulta do que precede é que, apesar dos esforços, políticas, estratégias e recomendações de sucessivos governos para melhorar o seu desempenho, a produção agrícola não satisfez a procura interna e reduziu consideravelmente o potencial de exportação do país. Alguns dos esforços do governo para renovar o sector agrícola incluem a Política de Substituição de Importações (PSI) na agricultura.

O ISP, tal como consta do documento da Agenda de Transformação Agrícola, foi especificamente concebido para a criação de emprego e para aumentar a eficiência do crescimento e da produção dos principais produtos alimentares de base da Nigéria, em especial o arroz e a mandioca, através da imposição de proibições recíprocas de importação de outros produtos alimentares de base importados, como o trigo. Outras políticas incluem o Regime de Apoio ao Crescimento (GESS), também formulado no âmbito da agenda de transformação agrícola.

O GESS visa a desregulamentação dos sectores das sementes e dos fertilizantes, o que permitiria aos agricultores um acesso sem precedentes aos fertilizantes para aumentar os rendimentos. O Sistema de Partilha de Riscos com Base em Incentivos da Nigéria (NIRSAL), outro programa avançado pela Agenda, é um regime de financiamento agrícola que visa reduzir o risco dos empréstimos ao sector agrícola. Ao abrigo do NIRSAL, o governo federal fornece aos bancos uma Garantia de Risco de Crédito (CRG) como incentivo para emprestarem dinheiro aos agricultores. O programa também incentiva os agricultores a pedir dinheiro emprestado aos bancos, inscrevendo-os num programa de devolução de juros (IDP), através do qual são concedidas reduções de juros numa base trimestral para reduzir os encargos que os pagamentos de juros representam para os agricultores.

A questão fundamental é, portanto, examinar o impacto das políticas comerciais e cambiais na oferta agrícola, com o objetivo de investigar de que forma essas políticas se podem traduzir em incentivos para que os agricultores produzam para consumo interno e para exportação.

Este estudo investigou uma série de questões relacionadas com o impacto das mudanças nas políticas comerciais e cambiais sobre a produção agrícola na Nigéria. Que papel desempenharam os preços da produção agrícola e dos factores de produção no aumento dos incentivos dos agricultores para produzir e exportar? Para além dos factores de produção, que outros incentivos foram criados para melhorar o desempenho agrícola? Quais foram os impactos do ambiente institucional na produção e exportação de produtos agrícolas? Como é que as políticas comerciais e cambiais afectaram os incentivos aos produtores? Quão estáveis e adequadas foram as sucessivas políticas governamentais no domínio da agricultura? Estas e outras questões relacionadas constituem o principal objetivo deste estudo.

A economia nigeriana é uma das menos competitivas a nível mundial e mesmo em África devido a políticas inadequadas e a um ambiente empresarial desfavorável. Em vários dos indicadores "doing business", a Nigéria tem um desempenho fraco quando comparada com a maioria das outras economias, incluindo as economias de baixo rendimento em África. O relatório de 2020 do Fórum Económico Mundial (FEM) classifica a Nigéria em 88.º lugar entre 117 países nos seus indicadores de competitividade global (GCI). Apesar do vasto mercado interno, apenas uma pequena parte dos produtores conseguiu transformar-se em empresas de dimensão suficiente para competir a nível internacional, como o demonstra o declínio a longo prazo das exportações não petrolíferas.

O crescimento da produtividade total dos factores (PTF) tem sido baixo e parece ter diminuído de forma consistente entre 1970 e 2020 (Banco Mundial, 2020). Os aumentos da produtividade per capita têm sido insignificantes. Na agricultura, os rendimentos têm vindo a diminuir e, na indústria transformadora, há uma considerável capacidade não utilizada (Banco Mundial, 2020).

É instrutivo o facto de, ao longo das décadas, países como a Indonésia terem registado aumentos do capital por trabalhador e da PTF, enquanto a Nigéria registou declínios da PTF e aumentos insignificantes do capital por trabalhador. De facto, parece mesmo que houve 30 anos em que a PTF diminuiu, embora haja alguma indicação de que esta situação tem vindo a mudar mais recentemente Embora a contribuição do capital humano seja menor, uma caraterística desta metodologia da PTF, os aumentos do capital humano na Indonésia tendem a ser muito maiores. No entanto, quando se aborda a competitividade, seja na perspetiva de uma empresa ou de um sector, como a agricultura, a manutenção da competitividade é uma preocupação dinâmica.

No sector agrícola nigeriano, tanto em termos absolutos como relativos, o desempenho pode ser descrito como não competitivo e, de um modo geral, fraco. Para avaliar a competitividade, os observadores referem-se frequentemente a mudanças na quota de mercado, nas exportações e na rentabilidade, mas, em última análise, a competitividade do produto de uma nação não se baseia numa única medida externa, mas na quantidade e na qualidade dos recursos produtivos do país. São estes os factores que determinam a eficiência relativa da produção de diferentes bens e, consequentemente, a "vantagem comparativa" de um país no comércio internacional.

A ideia de que a vantagem comparativa depende da dotação relativa de recursos transmite a sensação de que as nações têm pouco controlo sobre os seus destinos económicos, pelo menos no comércio internacional. Isto não é inteiramente verdade, uma vez que as políticas governamentais, as instituições nacionais e até os valores culturais podem afetar profundamente a produtividade global dos recursos existentes em muitos países e ter implicações importantes para os mercados agrícolas internacionais.

CAPÍTULO CINCO

RESUMO, CONCLUSÃO E RECOMENDAÇÕES

5.1 Resumo

Este estudo lança luz sobre o efeito do comércio externo na produção agrícola na Nigéria. A avaliação abrangeu o período de 1981 a 2016. Os dados para o estudo foram obtidos a partir do Boletim Estatístico da CBN para vários anos, do Relatório Anual da CBN e do Balanço de Contas, NBS. Para atingir o seu objetivo, o estudo foi subdividido em cinco capítulos. Começou com a introdução geral, seguida da exposição do problema com três questões básicas de investigação, os objectivos e a necessidade que exigiu o estudo. Nesta secção, foram claramente indicados o âmbito e as limitações encontradas no decurso da execução. A literatura relacionada foi revista no capítulo dois. Em primeiro lugar, foi abordada a questão controversa, ou seja, a definição concetual do termo e do argumento, segundo diferentes perspectivas. A partir da literatura, identificou-se que a maioria dos países que abrem as suas fronteiras ao comércio externo registam um crescimento em sectores-chave da economia, incluindo os sectores da agricultura e da indústria transformadora.

As questões teóricas foram revistas e foi adoptada uma teoria para o estudo. Com base nos antecedentes teóricos acima referidos, o modelo empírico deste estudo começará com uma função de produção Cobb-Douglas, dado o facto de a teoria da abertura para o excedente ser um modelo mais adequado para os países em desenvolvimento, pelo que o investigador adoptou o modelo de enquadramento da função de produção agregada desenvolvido por Michael et.al. (1991), que incorpora as quotas de exportação como um indicador das alterações na abertura, com algumas modificações, em termos de inclusão de algumas variáveis vitais. Os dados relevantes para o estudo, as suas fontes, os procedimentos para a sua geração e a metodologia utilizada na sua apresentação e análise foram identificados.

5.2 Conclusão

A componente comercial de qualquer economia consiste nas suas exportações e

50

importações. A história das exportações agrícolas na Nigéria remonta à década de 1950, altura em que a agricultura representava cerca de 60 a 70% do total das exportações. A Nigéria era então um grande exportador de cacau, algodão, óleo de palma, amendoim de palmiste e borracha (Daramola et al 2008).

A sorte do sector foi afetada pelos choques petrolíferos do início dos anos 70 e pela doença das valas que se lhe seguiu. Do volume mais elevado de exportação agrícola de 924,1 toneladas métricas entre 1970 e 1974, o volume de exportação caiu drasticamente para 208,3 toneladas métricas entre 1980 e 1985. Apesar dos esforços efectuados na última década, que incluíram o fornecimento de fertilizantes aos agricultores a taxas subsidiadas, o reforço da mecanização agrícola através da redução dos direitos aduaneiros sobre as máquinas agrícolas e a disponibilização de crédito agrícola através de vários regimes de crédito agrícola, o volume das exportações agrícolas só atingiu um pico de 443,0 toneladas métricas entre 2000 e 2013.

Este estudo lança luz sobre o efeito do comércio externo na produção agrícola na Nigéria. A avaliação abrangeu o período de 1981 a 2016. Os dados para o estudo foram obtidos a partir do Boletim Estatístico da CBN para vários anos, do Relatório Anual da CBN e do Balanço de Contas, NBS. Para atingir o seu objetivo, o estudo foi subdividido em cinco capítulos. Começou com a introdução geral, seguida da exposição do problema com três questões básicas de investigação, os objectivos e a necessidade que exigiu o estudo. Nesta secção, foram claramente indicados o âmbito e as limitações encontradas no decurso da execução. A literatura relacionada foi revista no capítulo dois.

Em primeiro lugar, foi abordada a questão controversa, ou seja, a definição concetual do termo e o argumento visto de diferentes perspectivas. A partir da literatura, identificou-se que a maioria dos países que abrem as suas fronteiras no que diz respeito ao comércio externo registaram um crescimento em sectores-chave da economia que incluem os sectores da agricultura e da indústria transformadora. As questões teóricas foram revistas e foi adoptada uma teoria para o estudo. Com base nos antecedentes teóricos acima referidos, o modelo empírico deste estudo começará com uma função de produção Cobb-Douglas, dado o facto de a teoria da abertura para o excedente ser um modelo mais adequado para os países em desenvolvimento, pelo que o investigador adoptou o modelo de enquadramento da função de produção agregada desenvolvido por Michael et.al. (1991), que incorpora as quotas de exportação como um indicador das alterações na abertura, com algumas modificações, em termos de inclusão de algumas variáveis vitais. A literatura empírica foi revista para dar um impulso ao estudo Dados relevantes

para o estudo, foram identificadas as suas fontes, os procedimentos para a sua geração e a metodologia utilizada na sua apresentação e análise.

5.3 Recomendações

O sector agrícola, que consiste em subsectores como as culturas, a pecuária, a pesca e a silvicultura, tem tido um crescimento muito lento. Entre os subsectores, verificou-se que o peixe contribuiu em grande medida para o sector agrícola, seguido de perto pelo gado. Os subsectores das culturas e da silvicultura apresentam taxas de crescimento médias muito baixas. De acordo com os resultados obtidos até à data, o crescimento agrícola tem sido lento. O resultado deste estudo suscitou preocupações fundamentais sobre o papel do comércio externo.

Os dados disponíveis para este estudo mostraram que a Nigéria tinha cumprido plenamente a política de abertura comercial através da adoção do programa de ajustamento estrutural. No entanto, as reformas no sector agrícola continuaram a ser condicionadas por factores comerciais e não comerciais. A política comercial durante o período de 1986 a 2003 não teve impacto no desenvolvimento do sector agrícola e os principais esforços políticos não resolveram o problema fundamental da produção alimentar. Os resultados obtidos neste estudo sugerem que a capacidade de desenvolver um aparelho adequado para a produção e distribuição equitativas de alimentos face à globalização é fraca. Este facto é evidente nas experiências obtidas nos dois regimes. Isto é um testemunho do fracasso da política, dada a fortuna económica da nação, a terra disponível, a precipitação abundante, os vastos recursos hídricos e o clima favorável, sem os caprichos dos infortúnios sazonais. É neste contexto que as seguintes recomendações se tornam muito necessárias: (i) De um modo geral, é importante que os países em desenvolvimento e, na verdade, a Nigéria procurem obter maiores concessões na próxima ronda de negociações comerciais no que se refere à utilização de medidas de apoio e à aplicação efectiva dos acordos sobre a agricultura. (ii) A Nigéria deve adotar uma aplicação tática dos acordos sobre as reformas agrícolas e, em especial, sobre a política alimentar. Tal pode assumir a forma de: (a). Identificação e responsabilização de grandes agricultores como produtores estratégicos de alimentos.

(b). Devido à prevalência de pequenos agricultores, torna-se necessária uma revolução tecnológica agrícola que tenha em conta a peculiaridade da sua dimensão (c). Abordar os problemas de armazenamento pós-colheita e incentivar o desenvolvimento tecnológico na agroindústria. Deste modo, os produtores de produtos de substituição das importações serão protegidos.

O sector agrícola, que consiste em subsectores como as culturas, a pecuária, a pesca e a silvicultura, tem tido um crescimento muito lento. Entre os subsectores, verificou-se que o peixe contribuiu em grande medida para o sector agrícola, seguido de perto pelo gado. Os subsectores das culturas e da silvicultura apresentam taxas de crescimento médias muito baixas. De acordo com os resultados obtidos até à data, o crescimento agrícola tem sido lento. O resultado deste estudo suscitou preocupações fundamentais sobre o papel do comércio externo.

Referências

Atoyebi O., Akinde O., Adekunjo O., Femi E.: Foreign trade and economic growth in nigeria (Comércio externo e crescimento económico na Nigéria):

an empirical analysis.American Academic & Scholarly Research Journal Vol. 4, No. 5(2012). Disponível em .www.aasrc.org/aasrj

Bbaale e Mutenyo M: Export Composition and Economic Growth in Sub-Saharan Africa: A Panel Analysis. Consilience:The Journal of Sustainable Development Vol. 6, Iss. 1 (2011), Pp. 1-19(2011).

Bhagwati, J. N. :Foreign trade regimes and economic development: Anatomy and consequences of exchange control regimes; Cambridge: Ballinger The Economics of Development and Planning Press. (1978).

Relatório anual e extrato de conta da CBN (2006)

Boletim estatístico do Banco Central da Nigéria. Boletim estatístico da Nigéria. , (2008).

Edwards, S.: Abertura, produtividade e crescimento: What do we really know? Econ J., 108 (2) (1998).

Granger C. W. J. e Newbold: Spurious Regressions in Econometrics, Journal of Econometrics 2,111-120(1974),.

Gujarati: Econometria básica. The McGraw-Hill Companies (2003).

Jhingan M. L.:, trigésima oitava edição, Vrinda Publication ltd. (2006).

Mahadevan,R.: Productivity Growth in Indian Agriculture: the role of globalization and economic reform. Asia-PacificDevelopment Journal. 02(2003).

Nicks:The History of Entrepreneurship in Nigeria (A História do Empreendedorismo na Nigéria). Publicação Bizcom 24(1). (2008).

Nnadozie, E. U.: Does trade cause growth in Nigeria, Journal of African Finance and Economic Development, 6 (1)(2003).

Comissão Nacional de Planeamento. Relatório Anual de Desempenho Económico. (2011)

Alley, I. (2018). 011 preço e queda da taxa de câmbio USD-Naira: pode a diversi fi cação económica salvar o Naira? ✬ 118(abril), 245-256.
https://doi.Org/10.1016/j.enpol.2018.03.071

Asaleye, A. J., Isoha, L. A., Asamu, F., Inegbedion, H., Arisukwu, O., Popoola, O. (2018). Desenvolvimento financeiro, sector transformador e sustentabilidade: Evidence from Nigeria. Journal of Social Sciences Research, 4(12), 539-546.

Asaleye, A. J., Popoola, O., Lawal, A. I., Ogundipe, A. & Ezenwoke, O. (2018). Os canais de crédito da transmissão da política monetária: implicações na produção e no emprego na Nigéria. Banks and Bank Systems, 13(4), 103-118.

Ayopo, B. A., Isola, L. A. & Olukayode, S. R. (2016). Volatilidade do mercado de acções: Does our fundamentals matter? Ikonomicheski Izsledvania, 25(3), 33-42.

Ayopo, B. A., Isola, L. A., & Olukayode, S. R. (2015). Dinâmica da política monetária e os movimentos do mercado de acções: Empirical evidence from Nigeria. Journal of Applied Economic   Ciências Económicas Aplicadas. Recuperado
        de
http://www.scopus.com/inward/record.url?eid=2-s2.0-84957068407&partnerID=MN8TOARS

Ayopo, B. A., Isola, L. A., & Olukayode, S. R. (2016). Resposta do mercado de ações ao crescimento económico e à volatilidade das taxas de juro: Evidence from Nigeria. International Journal of Economics and Financial Issues. Obtido em
http://www.scopus.com/inward/record.url?eid=2-s2.0-84979802394&partnerID=MN8TOARS

Bouraoui, T., & Phisuthtiwatcharavong, A. (2015). Sobre os determinantes da taxa de câmbio THB / USD. Procedia Economics and Finance, 30(15), 137-145.
https://doi.org/10.1016/S2212-5671(15)01277-0

Bouvet, F., Ma, A. C., & Assche, A. Van. (2017). China Economic Review Tari ff and exchange rate pass-through for Chinese exports : A fi rm- level analysis across customs regimes. China Economic Review, 46(agosto),

8

7-96.
https://doi.org/10.1016/j.chieco.2017.08.013

Chen, N., & Juvenal, L. (2016). *Qualidade, comércio e transmissão da taxa de câmbio* ☆ *Journal of International Economics, 100, 61-80.* https://doi.Org/10.1016/j.jinteco.2016.02.003

Chen, P., Zeng, J., & Lee, C. (2018). *China Economic Review Avaliação da taxa de câmbio do Renminbi e exportações dos concorrentes: New perspective. China Economic Review, 50(70), 187-205.* https://doi.org/10.1016/j.chieco.2018.03.009.

Chen, Y., & Ward, F. (2019). *Quando é que as taxas de câmbio fixas funcionam? Evidence from the Gold Standard. Journal of International Economics, 116, 158-172.* https://doi.org/10.1016/j.jinteco.2018.11.003

Ali R, Pitkin B (1991). *Searching for Household Food Security in Africa. FMI/Banco Mundial Finanças e Desenvolvimento, 28(4): 3-6.*

Amã - Yao E (1996). *"Migração económica: Poverty, unemployment, Income Differentials and Population" in International Migration and from Africa: Dimensions, Challenges and Prospects, Adepoju Hammer (ed.), PHRDA, Dakar/CEIFO, stockdra.*

Anyanwu JC, Oyefusi A, Oaikhenan H, Dimowo FA (1997). *The Structure of the Nigerian Economy 1960-1997 (A estrutura da economia nigeriana 1960-1997). Onitsha: Joanee Educational Publishers.*

Ayres WS, McCalla AF (1996). *Rural Development, Agriculture an Food Security IMF/World Bank Finance and Development, 33(4): 8-11.*

Christiansen L, Boisvert RN, Hodinott J (2000). *Validating Operational Food Insecurity Indicators against a Dynamic benchmark: Evidence from Mali. World Bank Policy Res. Working, p.2471.*

Chung K, Haddad L, Ramakrishna J, Riley F (1997). *Alternative Approaches to Locating the Food Insecure: Qualitative and Quantitative Evidence from South India. Int. Food Policy Res. Instit. Discuss., p. 22.*

Garrett JL (2000). *Achieving Urban Food and Nutrition Security in the Developing World: A 2020 Vision for Food, Agriculture and the Environment. Washington DC: Instituto Internacional de Pesquisa em Política Alimentar.*

Ndiyo NA, Ebong FS (2003). The Challenges of Openness in Developing Economies: Some Empirical Lessons from Nigeria" Paper presented at the Nigerian Economics Society Annual Conference, August.

Nyangito HO (2003). Kenya's Agricultural Trade Reform in the Framework of the World Trade Organization, the World Bank Macmillan Ibadan.

Ogunkola EO (1998). "Macroeconomic Modeling: Application to Nigerian Economy" in Recent Developments in Econometric Research, Modeling and Policy. Análise NCEMA Ibadan.

Ogunkola EO (2003). Agriculture and WTO: Economic Interest and Option for Nigeria in Melinda et al (Ed) Liberalization Agricultural Trade: Issues and options for SSA in WTO World Bank.

Ojo MO (1994). "The Economics of controls and Regulation. The Nigerian Case Study CBN. Res. Dept. Occasional Paper No. 10 CBN, Lagos.

Okunneye B (2001). The Rising Cost of Food/Food Insecurity in Nigeria and Its Implications for poverty Reduction (O aumento do custo da alimentação/insegurança alimentar na Nigéria e as suas implicações para a redução da pobreza). Banco Central da Nigéria. Econ. Financial Rev., 39(4): 88-10.

Osagie E (1983). Nigeria's Economic Development since Independence In Osayinwesa, I. (ed.) Development Economics and Planning, Ibadan: University Press.

Ruel MT, Garrett JL, Morries SS, Maxwell D, Oshaug A, Engle P, Memon P, Slack A, Haddad L (1998). Desafios urbanos à segurança alimentar e nutricional: A Review of Food Security, Health and Care giving in the Cities. Int. Food Policy Res. Instit. Discuss., p. 51.

Sen A (1981). Poverty and Famines: An Essay on Entitlement and Deprivation. Oxford: Clarendon Press.

Sen A (1998). Ninguém precisa de passar fome. Urban Age, 5(3): 14-17. Serageldin I (1989). Poverty, Adjustment and Growth in Africa, Washington DC: Banco Mundial.

Smith LC, Haddad L (2000). Overcoming Child Malnutrition in Development Countries: Past Achievement and Future Choices. Int. Food Policy Res. Instit. Food, Agric. Environ. Discuss., p. 30.

Usman A (2005). "Trade Regime and Food Security in Developing Countries: Evidence from Nigeria" J. Econ. Financ.Stud., J. Dept. Econ. Financ. Stud. Adekunle Ajasin University, Akungba), 2(1): 116133.

Adewuyi I.: Balance of payments constraints and growth rate differences under alternative police regimes. Nigerian Institute of Social and Economic Research (NISER) Monograph Series No. 10(2002)Andersen, L., & Babula, R.:The link between openness and long-run economic growth". Journal of International Commerce and Economics.2008.

Atoyebi O., Akinde O., Adekunjo O., Femi E.: Comércio externo e crescimento económico na nigéria: uma análise empírica. American Academic & Scholarly Research Journal Vol. 4, No. 5(2012). Disponível emwww.aasrc.org/aasrjBbaale e Mutenyo M: Export Composition and Economic Growth in SubSaharan Africa: A Panel Analysis. Consilience: The Journal of Sustainable Development Vol. 6, Iss. 1 (2011), Pp. 1-19(2011)Bhagwati, J. N. Foreign trade regimes and economic development: Anatomia e consequências dos regimes de controlo cambial; Cambridge: Ballinger The Economics of Development and Planning Press. (1978).CBN Annual Report and Statement of Account.(2006)Central Bank of Nigeria statistical Bulletin. Boletim estatístico da Nigéria. (2008) Edwards, S.: Openness, productivity and growth: What do we really know? Econ J., 108 (2) (1998).Granger C. W. J. e Newbold: Spurious Regressions in Econometrics, Journal of Econometrics 2, 111-120(1974),.Gujarati: Basic Econometrics.The McGraw-Hill Companies(2003).Jhingan M. L.:, thirty eight edition, Vrinda Publication ltd. (2006).Mahadevan,R.: Productivity Growth in Indian Agriculture: the role of globalization and economic reform. Jornal de Desenvolvimento da Ásia-Pacífico. 02(2003).Nicks:The History of Entrepreneurship in Nigeria. Publicação Bizcom 24(1). (2008).Nnadozie, E. U.: Does trade cause growth in Nigeria, Journal of African Finance and Economic Development, 6 (1) (2003).National Planning Commission. Relatório Anual de Desempenho Económico. (2011)Asaleye, A. J., Isoha, L. A., Asamu, F., Inegbedion, H., Arisukwu, O., Popoola, O. (2018). Desenvolvimento financeiro, sector transformador e sustentabilidade: Evidence from Nigeria. Journal of Social Sciences Research, 4(12), 539- 546.Asaleye, A. J., Popoola, O., Lawal, A. I., Ogundipe, A. & Ezenwoke, O. (2018). The

canais de crédito da transmissão da política monetária: implicações para a produção e o emprego na Nigéria. Banks and Bank Systems, 13(4), 103-118.Ayopo, B. A., Isola, L. A. & Olukayode, S. R. (2016). Volatilidade do mercado de acções: Does our fundamentals matter? Ikonomicheski Izsledvania, 25(3), 33-42.Ayopo, B. A., Isola, L. A., & Olukayode, S. R. (2015). Dinâmica da política monetária e os movimentos do mercado de acções: Empirical evidence from Nigeria. Jornal de Ciências Económicas Aplicadas. Retrieved from http://www.scopus.com/inward/record.url?eid=2-s2.0-84957068407&partnerID=MN8TOARSAyopo, B. A., Isola, L. A., & Olukayode, S. R. (2016). Resposta do mercado de ações ao crescimento económico e à volatilidade das taxas de juro: Evidence from Nigeria. International Journal of Economics and Financial Issues. Recuperado de http://www.scopus.com/inward/record.url?eid=2-s2.0-84979802394&partnerID=MN8TOARSBouraoui, T., & Phisuthtiwatcharavong, A. (2015). Sobre os determinantes da taxa de câmbio THB / USD. Procedia Economics and Finance, 30(15), 137-145. https://doi.org/10.1016/S2212-5671(15)01277-0Bouvet, F., Ma, A. C., & Assche, A. Van. (2017). China Economic Review Tari ff and exchange rate pass-through for Chinese exports : A fi rm- level analysis across customs regimes. China Económica Económica da China, 46(agosto), 87-96. https://doi.org/10.1016/j.chieco.2017.08.013Chen, N., & Juvenal, L. (2016). Qualidade, comércio e transmissão da taxa de câmbio ☆ Journal of International Economics, 100, 6180. https://doi.org/10.1016/j.jinteco.2016.02.003Chen, P., Zeng, J., & Lee, C. (2018). China Economic Review Avaliação da taxa de câmbio do Renminbi e exportações dos concorrentes: New perspective. China Economic Review, 50(70), 187-205. https://doi.org/10.1016/j.chieco.2018.03.009Chen, Y., & Ward, F. (2019). Quando é que as taxas de câmbio fixas funcionam? Evidence from the Gold Standard. Journal of International Economics, 116,158-172. https://doi.org/10.1016/j.jinteco.2018.11.003

Demian, C., & Mauro, F. (2018). A taxa de câmbio, choques assimétricos e distribuições assimétricas. International Economics, 154(May 2017), 68-85. https://doi.org/10.1016/j.inteco.2017.10.005Erten, B., & Metzger, M. (2019). A taxa de câmbio real , mudança estrutural , e força de trabalho feminina. World Development, 117, 296-312. https://doi.org/10.1016/j.worlddev.2019.01.015Fashina, O. A., Asaleye, A. J., Ogunjobi, J. O., & Lawal, A. I. (2018). Ajuda externa, capital humano e nexo de crescimento económico: Evidence from Nigeria. Journal of International Studies,

11(2), 104-117. https://doi.org/10.14254/2071-8330.2018/11-2/8Guzman, M., Antonio, J., & Stiglitz, J. E. (2018). Políticas de taxa de câmbio real para o desenvolvimento económico. *World Development*,
110, 51-62. https://doi.Org/10.1016/j.worlddev.2018.05.017He, B., Zhu, H., Chen, D., & Shi, Y. (2015). On Pass-through of RMB Exchange Rate to Prices of Different Industries [Sobre a repercussão da taxa de câmbio do RMB nos preços de diferentes sectores]. *Procedia - Procedia Computer Science*, 55(July 2005), 886-895. https://doi.org/10.1016/j.procs.2015.07.146Isola, L. A., Frank, A. e Leke, B. K. (2015). Pode a Nigéria alcançar os Objectivos de Desenvolvimento do Milénio? *Journal of Social Sciences Research*, 1(6), 72-78.Khalighi, L., & Fadaei, M. S. (2017). ARTIGO DE COMPRIMENTO COMPLETO Um estudo sobre os efeitos da taxa de câmbio e das políticas externas na exportação de datas iranianas. *Journal of the Saudi Society of Agricultural Sciences*, 16(2), 112-118. https://doi.org/10.1016/j.jssas.2015.03.005Kim, K., & Hyun, J. (2018). Journal of International Money and Finance Os regimes cambiais e a transmissão internacional dos ciclos económicos: A abertura da conta de capital importa q. *Journal of International Money and Finance*, 87,
4
4-61.
https://doi.org/10.1016/j.jimonfin.2018.05.006Lawal, A. I., Asaleye, A.J., IseOlorunkanmi, J. & Popoola, O. R. (2018). Crescimento económico, produção agrícola e desenvolvimento do turismo na Nigéria: Uma aplicação da abordagem de teste de limite ARDL. *Journal of Environmental Management and Tourism*, 28(4).Lawal, A. I., Awonusi, F. e Oloye, M. I. (2015). Todos os preços das acções e volatilidade da inflação na Nigéria: An application of the EGARCH model. *Euroeconomica*, 34(1), 75 - 82.Lawal, A. I., Nwanji, T. I., Oye O. O., Adama, I. J. (2018). Os mecanismos de governança corporativa podem impedir a gestão de ganhos? Evidências de empresas listadas na Bolsa de Valores da Nigéria. *AESTIMATIO, Revista Internacional de Finanças do IEB*, Forthcomin.

Lawal, A. I., Oye, O. O., Toro J. & Fashina, O. A. (2018). Tributação e crescimento económico sustentável: dados empíricos da Nigéria. Em P. P. Sengupta (Ed.), *Contemporary Issues on Globalization and Sustainable Development* (Volume 1, pp. 121-144). New Delhi: Serials.Lawal, A. I., Somoye, R.O.C., Babajide A. A. e Nwanji, T. I. (2018). O efeito da interação das políticas fiscal e monetária no desempenho do mercado de ações: Evidence from Nigeria. *Future Business Journal*, 4(1), 16 -

33.Lawal, A.I., Nwanji, T.I., Adama, I.J., Otekunrin, A. O. (2017). *Examinando a eficiência do mercado de ações nigeriano: Evidência empírica da abordagem do teste de raiz unitária wavelet. Jornal de Ciências Económicas Aplicadas, 12(6), 1680-1689.*

Lawal, A. I. (2014). Alocação tática de activos: Evidências da indústria bancária nigeriana. Œconomica, 10(2), 193-204.

Lawal, A. I., Babajide, A. A., Nwanji, T. I., & Eluyela, D. (2018). Os preços do petróleo são médios Revertendo? Evidence from Unit Root Tests with Sharp and Smooth Breaks, 8(6), 292298.

Lawal, A. I., Nwanji, T. I., Asaleye, A., & Ahmed, V. (2016). Crescimento económico, desenvolvimento financeiro e abertura comercial na Nigéria: An application of the ARDL bound testing approach. Cogent Economics & Finance, 4(1),

1-15. https://doi.org/10.1080/23322039.2016.1258810Lawal, A. I., Olayanju, A., Salisu, A. A., Asaleye, A. J., Dahunsi, O., Dada, O., Popoola, O. R. (2019). Examinando bolhas racionais nos preços do petróleo: Evidence from Frequency Domain Estimates, 9(2), 166-173.Lu, X., Li, J., Zhou, Y., & Qian, Y. (2017). Correlações cruzadas entre a taxa de câmbio RMB e os mercados internacionais de mercadorias. Physica A, 486, 168-182.

https://doi.org/10.1016/j.physa.2017.05.088OO Oye, AI Lawal, AA Eneogu, J. I. (2018). A desvalorização da taxa de câmbio afecta a produção agrícola? Evidências da Nigéria. Binus Business Review, 9(2), 115-123.Parsley, D., & Popper, H. (2014). Journal of International Money Gauging exchange rate targeting q. Journal of International Money e Finance, 43, 155-166.

https://doi.org/10.1016/jjimonfin.2014.01.002Rodriguez, C. M. (2016). Determinantes económicos e políticos dos regimes cambiais : O caso da América Latina. Economia Internacional, 147,1-26. https://doi.org/10.1016/jjnteco.2016.03.001

Skorepa, M., & Komarek, L. (2015). Fontes de choques assimétricos: a taxa de câmbio ou outros culpados? Sistemas Económicos, 39(4), 654-674.

https://doi.org/10.1016/j.ecosys.2015.04.002Smallwood, A. D. (2019). AC. Modelação Económica. https://doi.org/10.1016/j.econmod.2019.01.014Spengler, R.

N., Miller, N. F., Neef, R., Tourtellotte, P. A., & Chang, C. (2017). Vinculando a agricultura e o intercâmbio aos desenvolvimentos sociais da Idade do Ferro da Ásia Central. Jornal de Arqueologia Antropológica, 48(agosto), 295-308. https://doi.org/10.1016/jjaa.2017.09.002Thorbecke, W. (2018). A exposição das indústrias de manufatura dos EUA às taxas de câmbio. Revista Internacional de Economia e Finanças, 58 (dezembro de 2017), 538-549.

Ahmed, Haydory Akbar, e Gazi Salah Uddin. 2009. Export, Imports, Remittance and Growth in Bangladesh: An Empirical Analysis. Review Literature and Arts of the Americas 2: 79-92.Arkolakis, Costas, Arnaud Costinot e Andrés Rodríguez-Clare. 2012. New Trade Models, Same Old Optimal Policies? American Economic Review 10:

94-130.Arribas, Ivan, Francisco Perez, e Emili Tortosa-Ausina. 2009. Measuring Globalization of International Trade: Theory and Evidence [Medindo a Globalização do Comércio Internacional: Teoria e Evidências]. World Development 37: 127-45. Baier, Scott L., Jeffrey H. Bergstrand e Michael Feng. 2014. Economic Integration Agreements and the Margins of International Trade [Acordos de Integração Económica e as Margens do Comércio Internacional]. Journal of International Economics 93: 339-50. Baier, ott L., Yoto V. Yotov e Thomas Zylkin. 2019. On the Widely Differing Effects of Free Trade Agreements: Lessons from Twenty Years of Trade Integration. Journal of International Economics 116: 206-26. [CrossRef]Bajona, Claustre, e Timothy J. Kehoe. 2010. Trade, Growth, and Convergence in a Dynamic Heckscher-Ohlin Model. Review of Economic Dynamics 13: 487-513. [CrossRef]Bakari, Sayef, e Mohamed Mabrouki. 2018. O impacto do comércio agrícola no crescimento económico no Norte de África: Análise Econométrica por Modelo de Gravidade Estática o Impacto do Comércio Agrícola no Crescimento Económico no Norte de África: Econometric Analysis by Static Gravity Model, (85116), 15. Disponível online: https://mpra.ub.uni-muenchen.de/85116/1/MPRA_paper_85116.pdf (acedido em 13 de março de 2018).Baldwin, Richard. 2006. Multilaterilising Regionalism: Spaghetti Bowls as Building Blocs on the Path to Global Free Trade. The World Economy 29: 1451-518.

Baltagi, Badi H. 2008. Forecasting with Panel Data (Previsão com dados de painel). Journal of Forecasting 173:153- 73.Barma, Tina. 2017. Eficiência das exportações agrícolas da Índia: A Stochastic Panel Analysis. South Asia Economic Journal 18: 276-

95. Bergstrad, Jeffrey H., Peter Egger e Mario Larch. 2013. Gravity Redux: Estimation of Gravity-Equation Coefficients, Elasticities of Substitution, and General Equilibrium Comparative Statics under Asymmetric Bilateral Trade Costs. Journal of International Economics 89: 110-21. Bergstrad, Jeffrey H., Mario Larch e Yoto V. Yotov. 2014. Economic Integration Agreements, Border Effects, and Distance Elasticities in the Gravity Equation [Acordos de integração económica, efeitos de fronteira e elasticidades da distância na equação da gravidade]. CESinfo. Beyene, ailay Gebretinsae. 2014. Trade Integration and Revealed Comparative Advantages of Sub-SaharanAfrica and Latin America & Caribbean Merchandise Export. International Trade Journal 28: 411-41. Bhagwati Jagdish. 1993. Regionalism and Multilateralism: An Overview. Em New Dimensions in Regional Integration. Editado por Jaime de Melo e Arvind Panagariya. Cambridge: Cambridge University Press.Bhattacharyya, Ranajoy, and Tathagata Banerjee. 2006. Does the Gravity Model Explain India's Diretion of Trade? A Panel Data Approach. IIM Ahmedabad Working Papers W.P. No.2006-09-01. Índia: Indian Institute of Manangement (IIMA), pp. 1- 18.Bleaney, Michael, e Katharine Wakelin. 2002. Efficiency, Innovation and Exports. Oxford Bulletin of Economics and Statistics 64: 3-15.

Eric W., Kazumichi Iwasa, e Kazuo Nishimura. 2012. O modelo dinâmico de Heckscher-Ohlin: A Diagrammatic Analysis. Revista Internacional de Teoria Económica 8:197-211. [CrossReflBraha, Kushtrim, Artan Qineti, Andrej Cupák, e Ema Lazor "cáková. 2017. Determinantes da exportação agrícola albanesa: The Gravity Model Approach. Agric OnLine Papers in Economics and Informatics 9:3-22.

Campi, Mercedes, e Marco Duenas. 2016. Intellectual Property Rights and International Trade of Agricultural Products [Direitos de Propriedade Intelectual e Comércio Internacional de Produtos Agrícolas]. World Development 80: 1-18. [CrossRef]Chakravarty, Smwarajit Lahiri, e Ranajit Chakrabarty. 2014. A Gravity Model Approach to Indo-ASEAN Trade-Fluctuations and Swings. Procedia Social and Behavioral Sciences 133:383-91. [CrossRef]

Chaney, Thomas. 2008. American Economic Association Distorted Gravity: The Intensive and Extensive Margins of International Trade. The American Economic Review 98:1707-21.Che, Yi, ulan Du, Yi Lu e Zhigang Tao. 2015. Once an Enemy, Forever an Enemy? The Long-Run Impact of the Japanese Invasion of China from 1937 to 1945 on Trade and Investment. Journal of International Economics 96:182-98.

[CrossRef]Coyle, William, Mark Gehlhar, Thomas W. Hertel, Zhi Wang e Wusheng Yu. 1998. Understanding the Determinants of Structural Change in World Food Markets" [Compreender os factores determinantes da mudança estrutural nos mercados alimentares]. American Journal of Agricultural Economics 80:1051-61. Eregha, Perekunah B. 2019. Taxa de câmbio, incerteza e influxo de investimento direto estrangeiro na zona monetária da África Ocidental. Global Business Review 20: 1-12. [Francis, Brian, Sunday Osaretin Iyare, e Troy Lorde. 2007. Agricultural Export-Diversification and Economic Growth in Caribbean Countries: Cointegration and Error-Correction Models. International Trade Journal 21: 229-56.Fuchs, Adreas, e Nils Hendrik Klann. 2013. Paying a Visit: The Dalai Lama Effect on International Trade. Journal of International Economics 91: 164-77. [Greenaway, David, Wyn Morgan e Peter Wright. 1999. Exports, Export Composition and Growth [Exportações, Composição das Exportações e Crescimento]. Journal of International Trade and Economic Development 8: 41-51. [CrossRef]Hadjiyiannis, Costas, Maria S. Heracleous e Chrysostomos Tabakis. 2016. Regionalism and Conflict: Peace Creation and Peace Diversion. Journal of International Economics 102:141-59. Hoque, Mammad Monjurul, e Zulkornain Yusop. 2012. Impacts of Trade Liberalization on Export Performance in Bangladesh: An Empirical Investigation. South Asia Economic Journal 13:207-39. Hur, Jung, e Cheolbeom Park. 2012. Do Free Trade Agreements Increase Economic

Crescimento dos países membros? World Development 40:1283-94. [CrossRef]Jenkins, Rhys. 1997. Trade Liberalisation in Latin America: The Bolivian Case1. Boletim de Investigação Latino-Americana 16: 307-25. [CrossRef]Kabir, Mahfuz, Ruhul Salim, e Nasser Al- Mawali. 2017. The Gravity Model and Trade Flows: Recent Developments in Econometric Modeling and Empirical Evidence. Economic Analysis and Policy 56: 60- 71.Kastner, Thomas, Anke Schaffartzik, Nina Eisenmenger, Karl-heinz Erb, Helmut Haberl e Fridolin Krausmann. 2014. Cropland Area Embodied in International Trade: Contradictory Results from Different Approaches. Ecological Economics 104: 140-44. [CrossRef]

Knetter, Michael, e Mathew Slaughter. 1999. Measuring Product Market Integration. Série de Documentos de Trabalho do NBER, 6969. Disponível em linha: http/www.nber.org/papers/w6969 (acedido em 3 de fevereiro de 1999).Krueger, Anne O. 1997. Trade Policy and Economic Development. American Economic Review 87: 1- 6.Krugman, Paul. 1991. Increasing Returns and Economic Growth. The Journal of Political Economy 99: 483-99.Krugman, Paul R., and Maurice Obstfeld. 2003. International Trade-Krugman, 6ª ed., São Francisco e Nova York. São Francisco e Nova Iorque: World Student Series. [Kumar, Anjani. 2010. Exportações de Produtos Pecuários da Índia: Performance. Agricultural Economics Research Review 23: 57-67.

Lipsey, Richard G. 1960. Theory of Customs Unions: A General Survey. The Economic Journal 70: 496-513.Matsuyama, Kiminori. 2019. A Lei de Engel na Economia Global: Padrões de mudança estrutural, inovação e comércio induzidos pela procura. Econometrica 87: 497-528. [CrossRef]Melitz, Marc J. 2003. The Impact of Trade on Intra-Industry Reallocations and Aggregate Industry Productivity" [O impacto do comércio nas reafectações intra-industriais e na produtividade agregada da indústria]. Econometrica 71: 1695-725. [CrossRef]Mitze, Timo. 2010. Timo Mitze Estimating Gravity Models of International Trade with Correlated Time-Fixed Regressors: To IV or Not IV? C15 C23 C52 Gravity Model Exports Instrumental Variables Two-Step Estimators Monte Carlo.EERI Research Paper Series, No. 22/2010; Bruxelas: Instituto de Investigação em Economia e Econometria (EERI).

Narayan, Seema, e Tri Tung Nguyen. 2016. Does the Trade Gravity Model Depend on Trading Partners? SomeEvidence from Vietnam and Her 54 Trading Partners. International Review of Economics and Finance 41: 220-37.

Nguyen, Bac Xuan. 2010. The Determinants of Vietnamese Export Flows: Static and Dynamic Panel Gravity Approaches. International Journal of Economics and Finance 2: 122-29. Nin-pratt, Alejandro, Xinshen Diao e Yonas Bahta. 2009. Should Regional Trade Liberalization of Agriculture Be a Policy Priority in Southern Africa? EconPapers, No. 202. Conference Paper. Disponível online: https://ageconsearch.umn.edu/record/51734 (acedido em 12 de agosto de 2009).

Oke, David Mautin, Koye Gerry Bokana e Olatunji Abdul Shobande. 2017. Reexaminar o nexo entre as taxas de câmbio e as taxas de juro na Nigéria. Jornal de Economia e Estudos Comportamentais 9:47-56. Olayiwola, Wumi K., e Oluyomi A. Ola-David. 2013. Integração Económica, Facilitação do Comércio e Desempenho das Exportações Agrícolas nos Estados Membros da CEDEAO. Documento apresentado na Oitava Conferência Económica Africana sobre "Integração Regional em África", Joanesburgo, África do Sul, 28-30 de outubro; pp. 1-30. Panagariya, Arvind. 2003. The Regionalism Debate: An Overview. The World Economy 22: 455-76.Potelwa, Xolisiwe

Yolanda, Moses Herbert Lubinga, e Thandeka Ntshangase. 2017. Factores que influenciam o crescimento das exportações agrícolas da África do Sul para os mercados mundiais. Revista Científica Europeia ESJ 12: 195.Qureshi, Mahvash Saeed. 2013. Trade and Thy Neighbor's War. Journal of Development Economics 105: 178-95.Rahman, Mohammad Mafizur, e Dilip Dutta. 2012. The Gravity Model Analysis of Bangladesh's Trade: A Panel Data Approach. Journal of Asia-Pacific Business 13: 263-86. Saucier, Philippe, e Arslan Tariq. 2017. Do Preferential Trade Agreements Contribute to the Development of Trade? Taking into Account the Institutional Heterogeneity. International Economics 149: 41-56. Shobande, Olatunji A. 2018a. Imperativo da política de taxas de câmbio e crescimento industrial na Nigéria: Uma análise de séries temporais. Timisoara Journal of Economics and Business 10: 187-98. Shobande, Olatunji A. 2018b. Financiamento rural para o desenvolvimento económico em África: Contexto e Realidade. Anais da Universidade de Craiova 1: 39-43.Shobande, Olatunji A., Uju R. Ezenekwe e Maria C. Uzonwanne. 2018a. Revisitando a integração económica na África Ocidental: A Theoretical Exposition. Jornal do Pensamento Económico e Social 5: 3-7.Shobande, Olatunji A., Uju R. Ezenekwe, e Maria C. Uzowanne. 2018b. Reestruturação do mercado financeiro rural para a agricultura crescimento na Nigéria. Turkish Economic Review 2: 5. [CrossRef]Sohn, Chan Hyun. 2005. Does the Gravity Model Explain South Korea's Trade Flows? Japanese Economic

Review 56: 417-30. [CrossRef]Sun, Zhi-lu, e Xian-de Li. 2018. As margens comerciais das exportações agrícolas chinesas para a ASEAN e seus determinantes. Journal of Integrative Agriculture 17:2356-67. [CrossRef].

Tinbergen, Jan. 1962. Shaping the World Economy: Suggestions for an International Economic Policy. The Economic Journal 45: 92-95.Tumwebaze, Henry Karamuriro, e Alex Thomas Ijjo. 2015. Integração económica regional e crescimento económico na região do COMESA, 1980-2010. African Development Review 27: 67-77. Uysal, Ozgur, e Abdulakadir Said Mohamoud. 2018. Determinantes do desempenho das exportações nos países da África Oriental. Chinese Business Review 17:168-78. [CrossRef]Vicard, Vincent. 2011. Determinantes de acordos comerciais regionais bem-sucedidos. Economics Letters 111: 188- 90.Viner, Jacob. 1950. The Theory of Custom Issue. New York: Carnegie Endownment, pp. 1-20. Banco Mundial e Indicadores de Desenvolvimento Mundial (WDI). 2018. Indicadores de Desenvolvimento Mundial, 2018. Washington, DC: Grupo do Banco Mundial

Índice

I want morebooks!

Buy your books fast and straightforward online - at one of world's fastest growing online book stores! Environmentally sound due to Print-on-Demand technologies.

Buy your books online at
www.morebooks.shop

Compre os seus livros mais rápido e diretamente na internet, em uma das livrarias on-line com o maior crescimento no mundo! Produção que protege o meio ambiente através das tecnologias de impressão sob demanda.

Compre os seus livros on-line em
www.morebooks.shop

Printed by Books on Demand GmbH, Norderstedt / Germany